U0167838

钢筋混凝土结构
课程设计实用指导

贺东青　编著

中国建筑工业出版社

图书在版编目（CIP）数据

钢筋混凝土结构课程设计实用指导／贺东青编著
. —北京：中国建筑工业出版社，2021.11（2024.3重印）
ISBN 978-7-112-26687-6

Ⅰ.①钢… Ⅱ.①贺… Ⅲ.①钢筋混凝土结构—课程
设计—高等学校—教学参考资料 Ⅳ.①TU375-41

中国版本图书馆 CIP 数据核字（2021）第 208459 号

本书概述了钢筋混凝土楼盖、单层工业厂房和基础工程的基本知识，详细介绍了各个课程设计中构件或结构的设计计算方法，并辅以设计实例及课程设计任务书。

本书可作为土木工程专业学生混凝土结构课程设计实用指导用书，亦可用作高等学校本科或职业技术学院的教学参考书，还可供从事钢筋混凝土结构设计和施工管理的技术人员参考。

责任编辑：牛　松　李笑然
责任校对：姜小莲

钢筋混凝土结构课程设计实用指导

贺东青　编著

＊

中国建筑工业出版社出版、发行（北京海淀三里河路9号）

各地新华书店、建筑书店经销

北京红光制版公司制版

建工社（河北）印刷有限公司印刷

＊

开本：787 毫米×960 毫米　1/16　印张：12　字数：241 千字

2021 年 9 月第一版　　2024 年 3 月第四次印刷

定价：**38.00** 元

ISBN 978-7-112-26687-6

（37972）

前　　言

土木工程专业课程的理论性和实践性均较强，课程设计是实现土木工程专业理论知识、专业知识与实践技能相结合的一个重要环节，是土木工程专业教学计划中很重要的实践教学环节，而混凝土结构课程设计在这些实践环节中占有很大的比重。

在混凝土结构课程设计过程中，一方面要求学生能够灵活运用混凝土结构原理、混凝土结构设计、土力学、建筑地基基础工程等课程的基本理论和专业知识，同时要遵守混凝土结构设计规范、地基基础工程设计规范、建筑结构荷载规范以及制图标准的规定。在进行设计时，由于在校学生没有从事设计的经验，存在着学生感到无从下手、指导老师辅导工作量过大的问题。为了解决以上问题，编写一本能够指导学生如何进行混凝土结构课程设计的实用指导用书尤为必要。

通过运用本书，帮助学生巩固并扩展所学专业理论知识，理论联系实际，独立完成混凝土结构课程设计，培养学生设计、绘图、分析计算、综合分析与解决工程问题的能力，将土木工程专业人才培养的毕业要求落到实处。

本书由河南大学贺东青教授主编统稿，各章初稿编写人员为：贺东青（第1章）、李衫元（第2、3章）和迟曼曼（第4章）。

限于作者水平，书中难免有疏漏与不妥之处，敬请广大读者批评指正。

目　　录

第1章　绪论 ··· 1

1.1　混凝土结构课程设计的主要内容 ································· 1

1.2　混凝土结构课程设计的目标及学生能力要求 ·············· 2

1.2.1　钢筋混凝土肋梁楼盖设计 ··································· 2

1.2.2　单层工业厂房设计 ··· 2

1.2.3　基础工程设计 ··· 3

1.3　混凝土结构课程设计的成绩评定 ································· 3

第2章　钢筋混凝土肋梁楼盖设计 ······································· 5

2.1　钢筋混凝土楼盖基本知识 ·· 5

2.1.1　楼盖形式分类 ··· 5

2.1.2　楼盖结构布置 ··· 7

2.1.3　楼盖设计中的注意事项 ······································· 8

2.2　单向板肋形梁楼盖设计计算方法 ································· 9

2.2.1　初选梁、板、柱的截面尺寸 ································· 9

2.2.2　板的计算 ··· 9

2.2.3　次梁的计算 ··· 11

2.2.4　主梁的计算 ··· 14

2.3　单向板肋梁楼盖设计实例 ·· 15

2.3.1　设计资料 ··· 15

2.3.2　截面尺寸选择 ··· 16

2.3.3　板的设计 ··· 16

2.3.4　次梁设计 ··· 19

2.3.5　主梁设计 ··· 23

2.4　双向板肋梁楼盖设计计算方法 ···································· 29

2.4.1　双向板的内力计算 ··· 29

2.4.2　双向板支撑梁的内力计算 ····································· 33

2.4.3　截面设计与构造要求 ··· 35

2.4.4　计算书及施工图 ·· 37

2.5　双向板肋形梁楼盖设计实例 ······································· 37

2.5.1　设计资料 ··· 37

2.5.2 荷载计算 ･･････････････････････････････････････ 37

2.5.3 内力计算 ･･････････････････････････････････････ 39

2.5.4 配筋计算 ･･････････････････････････････････････ 42

2.6 板肋梁楼盖课程设计任务书 ･････････････････････････ 43

2.6.1 单向板肋梁楼盖结构设计 ･･････････････････････ 43

2.6.2 双向板肋梁楼盖结构设计 ･･････････････････････ 46

第3章 单层工业厂房设计 ････････････････････････････････ 48

3.1 单层工业厂房结构设计基本知识 ･････････････････････ 48

3.1.1 主要结构构件 ･････････････････････････････････ 48

3.1.2 结构的传力途径 ･･･････････････････････････････ 55

3.2 单层工业厂房设计计算方法 ･････････････････････････ 57

3.2.1 选定结构构件 ･････････････････････････････････ 57

3.2.2 确定平面、剖面关键尺寸 ･･････････････････････ 65

3.2.3 排架计算 ･････････････････････････････････････ 70

3.2.4 排架柱和其他构件的设计 ･･････････････････････ 77

3.3 计算书和施工图要求 ･･･････････････････････････････ 78

3.3.1 计算书 ･･･････････････････････････････････････ 78

3.3.2 主要图纸 ･････････････････････････････････････ 78

3.4 单层单跨厂房排架结构设计实例 ･････････････････････ 79

3.4.1 设计内容和条件 ･･･････････････････････････････ 79

3.4.2 构件选型 ･････････････････････････････････････ 80

3.4.3 计算单元及计算简图 ･･･････････････････････････ 80

3.4.4 荷载计算 ･････････････････････････････････････ 81

3.4.5 内力分析 ･････････････････････････････････････ 83

3.4.6 内力组合表及其说明 ･･･････････････････････････ 86

3.4.7 排架柱截面设计 ･･･････････････････････････････ 91

3.4.8 绘制施工图 ･･･････････････････････････････････ 97

3.5 单层工业厂房课程设计任务书 ･･･････････････････････ 99

3.5.1 设计任务 ･････････････････････････････････････ 99

3.5.2 设计资料 ･････････････････････････････････････ 99

3.5.3 进度安排 ･････････････････････････････････････ 100

3.5.4 设计成果 ･････････････････････････････････････ 100

3.5.5 设计依据及参考书 ･････････････････････････････ 100

第4章 基础工程设计 ･･････････････････････････････････ 101

4.1 地基基础的设计计算内容 ･･･････････････････････････ 101

4.2 地基基础的设计计算方法 ································· 101
  4.2.1 基础的埋置深度确定 ························· 101
  4.2.2 地基承载力的确定 ························· 102
  4.2.3 地基承载力的深宽修正 ····················· 104
  4.2.4 地基承载力验算 ·························· 106
  4.2.5 地基软弱下卧层承载力验算 ················· 107
  4.2.6 地基变形验算 ··························· 108
  4.2.7 稳定性计算 ···························· 109
4.3 柱下独立基础设计 ···························· 110
  4.3.1 构造要求 ····························· 111
  4.3.2 轴心受压柱下基础设计 ····················· 113
  4.3.3 偏心受压柱下基础设计 ····················· 118
4.4 柱下独立基础设计实例 ························ 121
  4.4.1 基本条件 ····························· 121
  4.4.2 柱下独立基础设计 ······················· 121
4.5 条形基础设计 ······························· 126
  4.5.1 概述 ······························· 126
  4.5.2 墙下钢筋混凝土条形基础设计 ··············· 126
  4.5.3 柱下钢筋混凝土条形基础设计 ··············· 130
4.6 墙下条形基础设计实例 ························ 133
  4.6.1 基础设计条件 ·························· 133
  4.6.2 基础设计计算 ·························· 134
4.7 柱下钢筋混凝土条形基础设计实例 ··········· 137
  4.7.1 基础设计条件 ·························· 137
  4.7.2 静力平衡法计算条形基础内力 ············· 137
4.8 十字交叉条形基础 ···························· 141
  4.8.1 节点荷载的初步分配 ····················· 141
  4.8.2 节点荷载的调整 ························ 143
4.9 十字交叉条形基础设计实例 ·················· 145
  4.9.1 基础设计条件 ·························· 145
  4.9.2 基础设计计算 ·························· 145
4.10 桩基础设计 ································· 149
  4.10.1 桩基设计基本要求 ····················· 149
  4.10.2 基桩几何尺寸确定 ····················· 151
  4.10.3 桩数确定及其平面布置 ················· 152

    4.10.4 桩身结构强度验算 ·· 155

    4.10.5 承台设计和计算 ·· 157

  4.11 预制桩基设计实例·· 162

    4.11.1 设计荷载·· 162

    4.11.2 地层条件及其参数 ·· 162

    4.11.3 预制桩基设计·· 163

  4.12 浅基础和桩基础课程设计任务书·· 171

    4.12.1 设计任务·· 171

    4.12.2 设计资料·· 172

    4.12.3 设计成果与要求·· 175

    4.12.4 设计依据及参考书·· 175

附录 A 双向板弯矩、挠度计算系数·· 176

附录 B 电动桥式起重机基本参数·· 182

附录 C 单阶柱在各种荷载作用下的柱顶反力系数·· 183

第1章　绪　　论

1.1　混凝土结构课程设计的主要内容

根据《高等学校土木工程本科指导性专业规范》土木工程专业人才培养目标，建筑工程方向的混凝土结构课程设计内容及知识技能点见表1-1。

混凝土结构课程设计的核心实践单元和知识技能点　　　表 1-1

核心实践单元			知识与技能点	
描述		序号	描述	要求
建筑工程方向课程设计	钢筋混凝土肋梁楼盖设计（1周）	1	楼盖结构梁板布置方法	掌握
		2	按塑性理论设计计算单向板	掌握
		3	按塑性理论设计计算次梁	掌握
		4	按弹性理论设计计算主梁	掌握
		5	楼盖结构施工图的绘制方法	掌握
	单层工业厂房设计（2周）	1	单层厂房结构设计与工艺、建筑设计的关系，单层厂房的组成及结构布置的特点	了解
		2	各构件和支撑的作用、布置和连接，荷载的传递途径，结构整体工作的概念，国家建筑标准设计图集的应用方法	熟悉
		3	计算单元和计算简图的取用、相关构造要求及其作用	掌握
		4	排架柱及其牛腿的设计方法，相关构造要求及其作用	掌握
		5	柱下钢筋混凝土独立基础的设计方法及其构造措施	掌握
		6	绘制基础施工图、结构布置图、柱模板及配筋图、编制钢筋表	掌握
	基础工程设计（1周）	1	设计资料分析及基础方案、类型的选择	熟悉
		2	地基承载力验算及基础尺寸的拟定、地基变形及稳定验算	掌握
		3	基础结构计算	掌握

1.2 混凝土结构课程设计的目标及学生能力要求

根据《高等学校土木工程专业评估（认证）标准》对土木工程专业人才毕业要求，结合混凝土结构课程设计对毕业要求的支撑关系，确定课程设计的目标及学生能力要求如下：

1.2.1 钢筋混凝土肋梁楼盖设计

钢筋混凝土肋梁楼盖设计是土木工程专业建工方向重要的实践性教学环节，是学生修完"房屋混凝土结构"课程后对单向板肋梁楼盖设计理论的一次综合性演练。其目的是使学生深入理解楼盖的设计计算理论，使学生掌握楼盖设计计算过程，能熟练进行楼盖的结构设计。为今后独立完成建筑工程设计打下初步基础。

具体课程目标及能力要求如下：

课程目标1：通过一个常用、典型的钢筋混凝土楼盖——现浇式单向板肋梁楼盖的设计，让学生将所学到的理论知识与设计方法运用于具体的设计实践中，提高专业设计能力及创造性思维能力，使所学知识能够融会贯通。

课程目标2：能把握设计过程中的关键问题，将工程结构的设计计算和构造要求完美结合，对设计过程中的问题进行有效沟通并加以解决，独立完成计算书撰写及内容组织，能通过图纸准确表达设计内容和设计思想。

1.2.2 单层工业厂房设计

单层工业厂房设计是土木工程专业建筑工程方向本科教育的一个重要教学环节，是全面检验和巩固房屋混凝土结构课程学习效果的一个有效方式。通过课程设计，可以使学生进一步加深对所学混凝土理论课程的理解和巩固，可以综合所学的混凝土课程的相关知识解决实际问题，加强理论知识与实际工程的结合。

具体课程目标及能力要求如下：

课程目标1：能够运用理论力学、材料力学、结构力学、房屋混凝土结构的知识求解排架结构的内力及位移等，掌握排架结构的施工工艺及流程，掌握施工过程中结构内力的变化特点。掌握排架结构的计算理论和计算方法，进行正确的排架结构计算。能够独立查阅专业规范，正确合理地进行工业厂房排架结构截面设计和钢筋配置。

课程目标2：能够结合专业知识，并基于本课程设计的计算内容及相应问题的解决方法，能够正确判断各种预测模拟工具的局限性，对于模拟工具计算结果，具备辩证分析能力，并能够基于计算结果对结构的受力特征和规律进行总结分析。

课程目标3：能够撰写完善的设计成果，表达清晰，图纸表达规范。

1.2.3　基础工程设计

基础工程设计是学生在完成教学计划规定的课程学习后，所进行的一个重要的实践性教学环节，是继课堂教学、实验教学等环节之后的一个综合性较强的教学阶段。通过课程设计使学生受到设计方法的初步训练。能用文字、图形和现代设计方法系统地、正确地表达设计成果。培养学生具有综合运用基础理论和专业知识的能力，并具有独立分析及解决一般基础工程技术问题的基本能力，从而达到学生综合能力培养目标的要求。

具体课程目标及能力要求如下：

课程目标1：学会综合运用建筑物地基基础工程设计的基本理论、基本知识和基本技能，掌握基础工程设计的一般规律，具有设计一般大中型建筑地基与基础工程的能力，并能综合运用于实际工程设计。

课程目标2：具有运用标准、规范，查阅技术资料的能力和分析计算能力，以及运用计算机绘图的能力。

1.3　混凝土结构课程设计的成绩评定

课程设计成绩建议采用以下四部分组成：（1）计算书（权重40%）；（2）图纸（权重30%）；（3）设计答辩（权重20%）；（4）完成情况（权重10%）。具体可参考表1-2。

课程设计成绩评定表　　　　　　　　　　　　　　　　表1-2

项目	权重	分值	评分标准	评分
计算书 (X_1)	40%	90~100	结构计算的基本原理、方法、计算简图完全正确；荷载概念及思路清晰，运算正确；计算书内容完整，系统性强，书写工整，图文并茂	
		80~89	结构计算的基本原理、方法、计算简图正确； 荷载概念及思路基本清楚，运算无误； 计算书内容完整，计算书有系统性，书写清楚	
		70~79	结构计算的基本原理、方法、计算简图正确； 荷载概念及思路清楚，运算正确； 计算书内容完整，系统性强，书写工整	
		60~69	结构计算的基本原理、方法、计算简图基本正确；荷载概念及思路不够清楚，运算有错误； 计算书无系统性，书写潦草	
		60以下	结构计算的基本原理、方法、计算简图不正确；荷载概念及思路不清楚，运算错误多； 计算书内容不完整，书写不认真	

项目	权重	分值	评分标准	评分
图纸 (X_2)	30%	90~100	正确表达设计意图； 图例、符号、线条、字体、习惯做法完全符合制图标准； 图面布局合理，图纸无错误	
		80~89	正确表达设计意图； 图例、符号、线条、字体、习惯做法完全符合制图标准； 图面布局合理，图纸有小错误	
		70~79	尚能表达设计意图； 图例、符号、线条、字体、习惯做法基本符合制图标准； 图面布局一般，有抄图现象，图纸有小错误	
		60~69	能表达设计意图； 图例、符号、线条、字体、习惯做法基本符合制图标准； 图面布局不合理，有抄图不求甚解现象，图纸有小错误	
		60 以下	不能表达设计意图； 图例、符号、线条、字体、习惯做法不符合制图标准； 图面布局不合理，有抄图不求甚解现象，图纸错误多	
设计答辩 (X_3)	20%	90~100	回答问题正确，概念清楚，综合表达能力强	
		80~89	回答问题正确，概念基本清楚，综合表达能力较强	
		70~79	回答问题基本正确，概念基本清楚，综合表达能力一般	
		60~69	回答问题错误较多，概念基本清楚，综合表达能力较差	
		60 以下	回答问题完全错误，概念不清楚	
完成情况 (X_4)	10%	90~100	能熟练地综合运用所学的知识，独立全面出色完成设计任务	
		80~89	能综合运用所学的知识，独立完成设计任务	
		70~79	能运用所学的知识，按期完成设计任务	
		60~69	能在教师的帮助下运用所学的知识，按期完成设计任务	
		60 以下	不能按期完成设计任务	
总分（X）			$X=0.4X_1+0.3X_2+0.2X_3+0.1X_4$	

第 2 章　钢筋混凝土肋梁楼盖设计

2.1　钢筋混凝土楼盖基本知识

楼盖设计是建筑结构设计的重要内容之一，在房屋建筑中，混凝土楼盖占土建总造价的 20%～30%；在混凝土高层建筑中，混凝土楼盖自重占总自重的 50%～60%。一方面它主要传递竖向荷载至垂直构件，另一方面它将风荷载、地震作用等水平力有效地传递到各抗侧力构件，并与竖向构件连接成为整体的空间结构，对结构的稳定性、安全性起着十分重要的作用。因此要求楼盖在平面内外均有足够的刚度、强度及必需的耐久性。

混凝土楼盖设计对于建筑隔声、隔热和美观等建筑效果有直接影响，对保证建筑物的整体承载力、刚度、耐久性以及提高抗风、抗震性能等也有重要的作用。根据不同的分类方法，可将楼盖分为不同的类别。

通常根据建筑功能要求、跨度、支承条件、荷载情况及施工工艺等因素来经济合理地进行楼盖结构体系的造型。

2.1.1　楼盖形式分类

1. 楼盖按结构形式分类

按结构形式可将楼盖分为单向板肋梁楼盖、双向板肋梁楼盖、无梁楼盖、井式楼盖、扁梁楼盖、密肋楼盖。

(1) 单向板肋梁楼盖 [图 2-1(a)]

最常见的楼盖结构是板肋梁楼盖，它由板及支撑板的梁组成。梁通常双向正交布置，将板划分为矩形区格，形成四边支撑的连续或单块板。受垂直荷载作用的四边支撑板，其两个方向均发生弯曲变形，同时将板上荷载传递给四边的支撑梁。弹性理论的分析结果表明，当四边支撑矩形板的长、短边长的比值较大时，板上荷载主要沿短边方向传递，沿长边方向传递的很少。所以单向板定义为只在一个方向弯曲或者主要在一个方向弯曲的板。

(2) 双向板肋梁楼盖 [图 2-1(b)]

荷载作用下，板在两个方向弯曲，且不能忽略任一方向弯曲的板称为双向板。《混凝土结构设计规范》GB 50010—2010 第 9.1.1 条规定，四边支承的板，当长边与短边长度之比 $l_{0y}/l_{0x} \leqslant 2$ 时，应按双向板计算；当长边与短边长度之比 $2 < l_{0y}/l_{0x} < 3$ 时，宜按双向板计算；当长边与短边长度之比 $l_{0y}/l_{0x} \geqslant 3$ 时，宜

5

按沿短边方向受力的单向板计算，并应沿长边方向布置构造钢筋。在楼盖设计中，常见的是均布荷载作用下四边支承的双向矩形板，其两个方向的跨度之比 $l_{0y}/l_{0x} \leqslant 2$，长跨方向所产生的弯矩与短跨方向相比，在数量级上相差不大，此时板上的荷载不能像单向板那样认为只沿短跨方向传递，而是沿两个方向传递给支承结构，因此在计算与配筋方面都区别于单向板。

（3）无梁楼盖［图 2-1(c)］

在楼盖中不设梁，将板直接支撑在柱上（或柱帽上），这种楼盖结构顶棚平整，有较好的采光、通风条件，楼层净高增大，通常应用于商店、书店等。

（4）井式楼盖［图 2-1(d)］

由双向板与交叉梁系组成的楼盖，梁格布置均匀，外形美观，适用于跨度较大且柱网规则的楼盖结构，常用于建筑的门厅与大厅。

（5）扁梁楼盖［图 2-1(e)］

为了降低构件的高度，增加建筑的净高或提高建筑的空间利用率，将楼板的水平支承梁做成宽扁的形式，就像放倒的梁。

（6）密肋楼盖［图 2-1(f)］

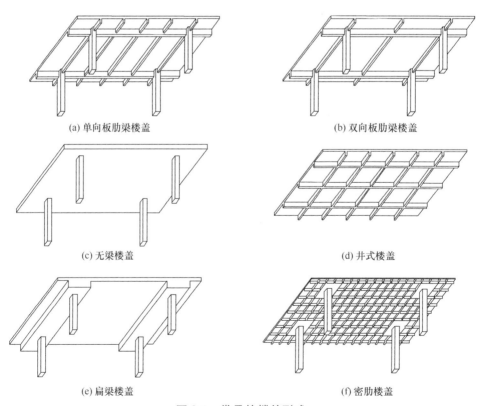

(a) 单向板肋梁楼盖　　　　　　　　　　　(b) 双向板肋梁楼盖

(c) 无梁楼盖　　　　　　　　　　　　　(d) 井式楼盖

(e) 扁梁楼盖　　　　　　　　　　　　　(f) 密肋楼盖

图 2-1　常见的楼盖形式

密肋楼盖又分为单向和双向密肋楼盖。密肋楼盖可视为在实心板中挖凹槽，省去了受拉区混凝土，没有挖空部分就是小梁或称为肋，而柱顶区域一般保持为实心，起到柱帽的作用，也有柱间板带都为实心的，这样在柱网轴线上就形成了暗梁。

2. 楼盖按施工方法分类

（1）现浇整体式楼盖

混凝土为现场浇筑，具有刚度大、整体性和抗震性能好、结构布置灵活等优点，适用于楼面荷载大、对楼盖平面内刚度要求较高、平面形状不规则的建筑物。但是，现浇式楼盖需要在现场支模、铺设钢筋和浇筑混凝土，因此具有现场劳动量大、模板消耗量大、工期长等缺点。随着施工技术的不断改进，上述缺点正逐渐被克服。

（2）装配式楼盖

将预制梁、板构件在现场装配而成，具有施工速度快和便于设计标准化、施工机械化等优点。但结构的整体性较差、刚度小、抗渗性差，不便于开设孔洞。

（3）装配整体式楼盖

部分构件为预制构件，安装完成后，通过连接措施和现浇混凝土形成整体。装配整体式楼盖其整体性较装配式楼盖好，又较整体式楼盖模板用量少，但由于用钢量及焊接量较大并需二次浇筑混凝土，对施工进度和工程造价带来不利影响。

此外，楼盖按是否对其施加预应力又分为钢筋混凝土楼盖和预应力混凝土楼盖。钢筋混凝土楼盖施工简便，但刚度和抗裂性能均不如预应力混凝土楼盖。近30多年来，无粘结预应力混凝土楼盖在工程中有较多应用。

设计中一般根据房屋的性质、用途、平面尺寸、荷载大小、抗震设防烈度以及技术经济指标等因素综合考虑，选择合理的楼盖结构形式。

本章内容主要为现浇混凝土楼盖的结构设计。

2.1.2 楼盖结构布置

1. 楼盖传力途径

楼盖体系由板和支承构件（梁、柱、墙）组成，建筑结构的荷载通过板传给水平支承构件——梁（无梁楼盖直接传给竖向支承构件），然后传给竖向构件——柱或墙，最后传给基础。传力路径为：板→梁→柱（墙）→基础。

2. 楼层结构布置的基本原则

楼层结构布置时，应对影响布置的各种因素进行分析比较和优化。通常是针对具体的建筑设计来布置结构，因此首先要从建筑效果和使用功能要求上考虑，包括：

（1）根据房屋的平面尺寸和功能要求合理地布置柱网和梁；

（2）楼层的净高度要求；

（3）楼层顶棚的使用要求；

（4）有利于建筑的立面设计及门窗要求；

（5）提供改变使用功能的可能性和灵活性；

（6）考虑到其他专业工种的要求。

其次从结构原理上考虑，包括：

（1）构件的形状和布置尽量规则和均匀；

（2）受力明确，传力直接；

（3）有利于整体结构的刚度均衡、稳定和构件受力协调；

（4）荷载分布均衡，要分散而不宜集中；

（5）结构自重要小；

（6）保证计算时楼面在自身平面内无限刚性假设的成立。

2.1.3　楼盖设计中的注意事项

1. 楼盖结构体系的选择

建筑物的用途和要求、结构的平面尺寸（柱网布置）是确定楼盖结构体系的主要依据。一般来说，常规建筑多选用板肋梁楼盖结构体系；对空间利用率要求较高的建筑，可采用无梁楼盖结构体系；大空间建筑，可选用井字楼盖、密肋楼盖、预应力楼盖等。

2. 结构计算模型的确定

将实际的建筑结构抽象为可以进行分析计算的力学模型，是结构设计的重要任务。好的力学计算模型应该是在反映实际结构的主要受力特点前提下，尽可能简单。在楼盖设计中，应正确处理板与次梁、板与墙体、次梁与主梁、次梁与墙体、主梁与柱、主梁与墙体的关系。另一方面，一旦确定了计算模型，则应在后续的设计中，特别是在具体的构造处理和措施中，实现计算模型中的相互受力关系。

3. 梁板构件截面尺寸的确定

板的尺寸确定首先应满足规范规定的最小厚度要求，其次尚应满足一定的厚跨比要求。表 2-1 列出了各种支撑板的最小厚度和厚跨比。

梁的高度应满足一定的高跨比要求。梁的宽度应与梁高成一定比例，以满足截面稳定性的要求。表 2-1 列出了常见梁的最小高跨比。

4. 楼盖结构的设计步骤

（1）结构平面布置；

（2）建立计算模型，画出计算简图；

（3）荷载分析计算；

（4）结构及构件内力分析计算；

（5）构件截面设计；

（6）施工图绘制。

2.2　单向板肋形梁楼盖设计计算方法

2.2.1　初选梁、板、柱的截面尺寸

初选梁板截面尺寸可参照表 2-1 的取值范围。

钢筋混凝土梁、板截面尺寸　　　　　　　　　　表 2-1

构件种类	板厚/截面高度 h 与跨度 l 比值	附注
简支单向板	$\dfrac{h}{l} \geqslant \dfrac{1}{35}$	单向板 h 不小于下列数值： 屋顶板：60mm
两端连续单向板	$\dfrac{h}{l} \geqslant \dfrac{1}{40}$	民用建筑楼板：70mm 工业建筑楼板：80mm
四边简支双向板	$\dfrac{h}{l_1} \geqslant \dfrac{1}{45}$	双向板 h：160mm$\geqslant h \geqslant$80mm，l_1 为双向板的短跨度
四边连续双向板	$\dfrac{h}{l_1} \geqslant \dfrac{1}{50}$	
多跨连续次梁	$\dfrac{h}{l} = \dfrac{1}{18} \sim \dfrac{1}{12}$	梁的高宽比 $\left(\dfrac{h}{b}\right)$ 一般取为 1.5～3.0，
多跨连续主梁	$\dfrac{h}{l} = \dfrac{1}{14} \sim \dfrac{1}{8}$	并以 50mm 为模数
单跨简支梁	$\dfrac{h}{l} = \dfrac{1}{14} \sim \dfrac{1}{8}$	

2.2.2　板的计算

1. 板的计算单元的选取

由于板为多跨连续板，考虑计算方便，取沿板的长边方向 1m 宽板带作为计算单元。在具体计算时，当实际跨数大于五跨时可按五跨板计算，但要求板的跨度差不应大于 10%。

2. 板的计算简图

确定板的计算简图的主要内容在于确定连续板的计算跨度 l_0 的取值，根据《钢筋混凝土连续梁和框架考虑内力重分布设计规程》CECS 51：93，按表 2-2 确定。

连续板的计算跨度 l_0 的取值　　　　　　　　　　表 2-2

连续板的支承条件	连续板的计算跨度 l_0
两端与梁整体连接	$l_0 = l_n$（净跨）
两端固支在墙上	$l_0 = l_n + h \leqslant$ 支座中心线间的距离
一端与梁整体连接，另一端搁支在墙上	$l_0 = l_n + h/2 \leqslant l_n + 1/2$ 支承宽度

3. 板的荷载统计

板的荷载统计见表 2-3。

板的荷载统计　　　　　　　　　　　　　　　　　　表 2-3

荷载种类		荷载标准值 （kN/m²）	荷载分项系数	荷载设计值 （kN/m²）
永久荷载	面层自重	面层厚×面层材料自重	—	—
	板自重	板厚×钢筋混凝土自重	—	—
	抹灰自重	抹灰厚×抹灰材料自重	—	—
	小计	$g_k = \sum$	γ_G	$g = \gamma_G g_k$
可变荷载		楼面可变荷载标准值 q_k	γ_Q	$q = \gamma_Q q_k$
全部计算荷载		—	—	$g + q$

4. 板的内力计算

板的内力按《钢筋混凝土连续梁和框架考虑内力重分布设计规程》CECS 51：93 计算。

（1）承受均布荷载的等跨单向连续板

承受均布荷载的等跨单向连续板，各跨跨中及支座截面的弯矩设计值 M 可按下式计算：

$$M = \alpha_{mp}(g + q)l_0^2 \tag{2-1}$$

式中：α_{mp}——单向连续板考虑塑性内力重分布的弯矩系数，按表 2-4 采用；

　　　g——沿板跨单位长度上的永久荷载设计值；

　　　q——沿板跨单位长度上的可变荷载设计值；

　　　l_0——计算跨度，根据支承条件按表 2-2 确定。

连续板考虑塑性内力重分布弯矩系数 α_{mp}　　　　　　表 2-4

端支座支承 情况	截面					
	端支座	边跨跨中	离端点第二支座	离端点第二跨跨中	中间支座	中间跨跨中
	A	Ⅰ	B	Ⅱ	C	Ⅲ
搁支墙上	0	$\frac{1}{11}$	$-\frac{1}{10}$（用于两跨连续板）	$\frac{1}{16}$	$-\frac{1}{14}$	$\frac{1}{16}$
与梁整体 连接	$-\frac{1}{16}$	$\frac{1}{14}$	$-\frac{1}{11}$（用于多跨连续板）			

（2）承受均布荷载的不等跨单向连续板

1）当相邻两跨的长跨与短跨之比值小于 1.10 时，各跨跨中及支座截面的弯矩设计值可按"承受均布荷载的等跨单向连续板"的规定确定。此时，计算跨中弯矩应取本跨的跨度值计算；支座弯矩应取相邻两跨的较大跨度值。

2）对相邻两跨的长跨与短跨之比值不小于 1.10 或各跨荷载值相差较大的等跨连续板，可按下列步骤进行内力重分布计算：

按荷载的最不利布置用弹性分析方法计算连续板各控制截面的最不利弯矩，此时连续板的计算跨度应根据支承条件按表 2-2 确定，也可按照下列条件确定：当两端与梁整体连接时，取为支座中心线间的距离，即为 $l_0 = l_n + b$（l_n 为板的净跨，b 为支撑梁宽）；当两端搁支在墙上时，取板的净跨加板厚，并不得大于支座中心线间的距离，即为 $l_0 = l_n + h$ 和 $l_0 = l_n + a$ 或 $l_0 = 1.05 l_n$ 之较小者（l_n 为板的净跨，h 为板厚，a 为搁支宽度）；当一端与梁整体连接另一端搁支在墙上时，取板的净跨加板厚和搁支长度的一半，并不得大于支座中心线间的距离，即为 $l_0 = l_n + h/2 + b/2$ 和 $l_0 = l_n + a/2 + b/2$ 或 $l_0 = 1.025 l_n + b/2$ 的较小者。

在弹性分析的基础上，降低连续板各支座截面的弯矩，其调幅系数不宜超过 20%。

在进行正截面受弯承载能力计算时，连续板各支座截面的弯矩设计值可根据不同支承条件参照公式（2-1）和表 2-4 确定。

连续板各跨中截面的弯矩不宜调整其弯矩设计值，可取考虑荷载最不利布置并按弹性方法算得的弯矩设计值和按式（2-1）计算的弯矩设计值的较大者。

5. 正截面承载力计算

板的正截面承载力按《混凝土结构设计规范》GB 50010—2010 计算。

由于板的截面尺寸一般均能满足斜截面抗剪强度的要求，因此对板的承载力计算只进行正截面承载力计算。

计算截面的宽度：$b = 1000\text{mm}$

截面高度：$h =$ 板厚

截面的有效高度：$h_0 = h - 20\text{mm}$

根据各跨中及支座截面的弯矩值可列表计算各截面的受力钢筋截面面积 A_s。

6. 绘制板的配筋图

2.2.3 次梁的计算

1. 次梁的计算简图

连续梁的计算跨度 l_0 的取值   表 2-5

连续板的支承条件	连续板的计算跨度 l_0
两端与梁或柱整体连接	$l_0 = l_n$（净跨）
两端搁支在墙上	$l_0 = 1.05 l_n \leqslant$ 支座中心线间的距离
一端与梁或柱整体连接，另一端搁支在墙上	$l_0 = 1.025 l_n \leqslant l_n + 1/2$ 墙支承宽度

2. 荷载计算

次梁荷载统计见表 2-6。

次梁荷载统计

表 2-6

荷载种类		荷载标准值 （kN/m²）	荷载分项 系数	荷载设计值 （kN/m²）
永久荷载	由板传来的 荷载	板传来的永久荷载标准值×次梁间距	—	—
	次梁自重	次梁宽×（次梁高一板厚）×钢筋混凝土自重	—	—
	梁侧抹灰	抹灰厚×（次梁高一板厚）×2×抹灰自重	—	—
	小计	$g_k = \Sigma$	γ_G	$g = \gamma_G g_k$
可变荷载		$q_k = $ 板传来的可变荷载标准值×次梁间距	γ_Q	$q = \gamma_Q q_k$
全部计算荷载		—	—	$g + q$

3. 次梁的内力计算

次梁的内力按《钢筋混凝土连续梁和框架考虑内力重分布设计规程》CECS 51：93 计算。

（1）承受均布荷载的等跨连续梁

承受均布荷载的等跨连续梁，各跨跨中及支座截面的弯矩设计值 M 可按下列公式计算：

$$M = \alpha_{mb}(g + q) l_0^2 \tag{2-2}$$

式中：α_{mb}——连续梁考虑塑性内力重分布的弯矩系数，按表 2-7 采用；

　　　g——沿梁跨单位长度上的永久荷载设计值；

　　　q——沿梁跨单位长度上的可变荷载设计值；

　　　l_0——计算跨度，根据支承条件按表 2-5 确定。

连续梁考虑塑性内力重分布弯矩系数 α_{mb}

表 2-7

端支座支 承情况	截　面					
	端支座	边跨跨中	离端点第二支座	离端点第二跨跨中	中间支座	中间跨跨中
	A	Ⅰ	B	Ⅱ	C	Ⅲ
搁支墙上	0	$\frac{1}{11}$				
与梁整体 连接	$-\frac{1}{24}$	$\frac{1}{14}$	$-\frac{1}{10}$（用于两跨连续板） $-\frac{1}{11}$（用于多跨连续板）	$\frac{1}{16}$	$-\frac{1}{14}$	$\frac{1}{16}$
与柱整体 连接	$-\frac{1}{16}$	$\frac{1}{14}$				

注：1. 表中 A、B、C 和 Ⅰ、Ⅱ、Ⅲ 分别为从两端支座截面和边跨跨中截面算起的截面代号；

　　2. 表中弯矩系数适用于荷载比 q/g 大于 0.3 的等跨连续梁。

在均布荷载作用下等跨连续梁的剪力设计值 V 可按下列公式计算：

$$V = \alpha_{vb}(g+q)\, l_n \qquad (2\text{-}3)$$

式中：V —— 剪力设计值；

$\quad\alpha_{vb}$ —— 考虑塑性内力重分布的剪力系数，按表 2-8 采用；

$\quad l_n$ —— 净跨度。

连续梁考虑塑性内力重分布的剪力系数 α_{vb} 表 2-8

荷载情况	端支座支承情况	截 面				
		A 支座内侧	B 支座外侧	B 支座内侧	C 支座外侧	C 支座内侧
		A_{in}	B_{ex}	B_{in}	C_{ex}	C_{in}
均布荷载	搁支在墙上	0.45	0.60	0.55	0.55	0.55
	梁与梁或梁与柱整体连接	0.50	0.55			
集中荷载	搁支在墙上	0.42	0.65	0.55	0.55	0.55
	梁与梁或梁与柱整体连接	0.50	0.60			

（2）承受均布荷载的不等跨连续梁

相邻两跨的长跨与短跨之比值小于 1.10 的不等跨连续梁，在均布荷载作用下梁各跨跨中及支座截面的弯矩和剪力设计值仍可按"承受均布荷载的等跨连续梁"的规定确定，但在计算跨中弯矩和支座剪力时，应取本跨的跨度值；计算支座弯矩时，应取相邻两跨中的较大跨度值。

4. 截面承载力计算

次梁截面承载力按《混凝土结构设计规范》GB 50010—2010 计算。当次梁与板整体连接时，板可作为次梁的翼缘。因此跨中截面在正弯矩作用下，按 T 形截面计算。支座附近的负弯矩区段，按矩形截面计算。

T 形、I 形及倒 L 形截面受弯构件位于受压区的翼缘计算宽度应按表 2-9 所列情况中的最小值取用。

T 形、I 形及倒 L 形截面受弯构件翼缘计算宽度 b'_f 表 2-9

	情况	T 形、I 形截面		倒 L 形截面
		肋形梁、肋形板	独立梁	肋形梁、肋形板
1	按计算跨度 l_0 考虑	$l_0/3$	$l_0/3$	$l_0/6$
2	按梁（纵肋）净距考虑	$b+s_n$	—	$b+s_n/2$
3	按翼缘高度 h'_f 考虑			
	$h'_f/h_0 \geqslant 0.1$	—	$b+12h'_f$	—
	$0.1 > h'_f/h_0 \geqslant 0.05$	$b+12h'_f$	$b+12h'_f$	$b+5h'_f$
	$h'_f/h_0 < 0.05$	$b+12h'_f$	b	$b+5h'_f$

注：1. 表中 b 为腹板宽度；

2. 如肋形梁在梁跨内设有间距小于纵筋间距的横肋式，则可不遵守表列情况 3 的规定；

3. 对加腋的 T 形、I 形和倒 L 形截面，当受压区加腋的高度 $h_h \geqslant h'_f$ 且加腋的跨度 $b_h \geqslant 3h_h$ 时，其翼缘计算宽度可按表列情况 3 的规定分别增加 $2b_h$（T 形、I 形截面）和 b_h（倒 L 形截面）；

4. 独立梁受压区的翼缘板在荷载作用下经验算沿纵肋方向可能产生裂缝时，其计算宽度应取腹板宽度 b。

5. 绘制次梁配筋图

次梁配筋图见单向板肋梁楼盖设计例题。

2.2.4　主梁的计算

1. 计算简图

《混凝土结构设计规范》GB 50010—2010 规定，杆件的计算跨度宜按其两端支承长度的中心距确定，并根据支承节点的连接刚度或支承反力的位置加以修正。

2. 荷载计算

主梁荷载统计见表 2-10。

主梁荷载统计 表 2-10

荷载种类		荷载标准值（kN）	荷载分项系数	荷载设计值（kN）
永久荷载	由次梁传来的荷载	次梁传来的永久荷载标准值×主梁间距	—	—
	主梁自重	主梁宽×（主梁高－板厚）×钢筋混凝土自重	—	—
	梁侧抹灰	抹灰厚×（主梁高－板厚）×2×次梁间距×抹灰自重	—	—
	小计	$G_k = \Sigma$	γ_G	$G = \gamma_G G_k$
可变荷载		$Q_k =$次梁传来的可变荷载标准值×主梁间距	γ_Q	$Q = \gamma_Q Q_k$
全部计算荷载		—	—	$G + Q$

3. 内力计算

主梁内力计算采用弹性理论按照结构力学方法计算，计算时要考虑活荷载不利组合，画出弯矩和剪力包络图，计算方法和步骤见第 3.4 节例题。

4. 截面承载力计算

主梁截面承载力按《混凝土结构设计规范》GB 50010—2010 计算。

5. 主梁吊筋计算

主梁和次梁相交处，在主梁高度范围内受到次梁传来的集中荷载作用，规范规定，位于梁下部或截面高度范围内的集中荷载，应全部由附加横向钢筋（箍筋、吊筋）承担，附加横向钢筋宜采用箍筋。箍筋应布置在 $s = 2 h_1 + 3b$（图 2-2）范围内。当采用吊筋时，其弯起段应伸至梁上边缘，且末端水平段长度符合《混凝土结构设计规范》GB 50010—2010 的相关要求。

附加横向钢筋的总截面面积应符合：

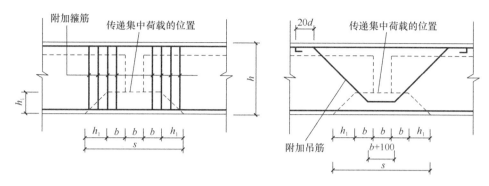

图 2-2　附加横向钢筋

$$A_{sy} \geqslant \frac{F}{f_{yv}\sin\alpha} \qquad (2\text{-}4)$$

式中：A_{sy}——承受集中荷载所需的附加横向钢筋总截面面积；当采用附加吊筋时，A_{sy} 应为左、右弯起段截面面积之和；

　　　F——作用在梁下部或梁截面高度范围内的集中荷载设计值；

　　　f_{yv}——钢筋抗拉强度设计值；

　　　α——附加横向钢筋与梁轴线间的夹角。

6. 绘制主梁的配筋图及弯矩包络图和材料图

主梁配筋图及弯矩包络图和材料图见单向板肋梁楼盖设计例题。

2.3　单向板肋梁楼盖设计实例

2.3.1　设计资料

某设计年限为 50 年的多层工业建筑的楼盖，主梁的跨度为 7.2m，次梁跨度为 6.3m，主梁每跨跨内布置两根次梁，板的跨度为 2.4m。平面布置图如图 2-3 所示，环境类别为一类。楼面采用现浇钢筋混凝土单向板肋梁楼盖，试对其进行设计，其中板、次梁按考虑塑性内力重分布设计，主梁内力按弹性理论计算。

（1）楼面做法：20mm 厚水泥砂浆面层；钢筋混凝土现浇板；20mm 厚石灰砂浆抹底。

（2）楼面可变荷载标准值：6kN/m²。

（3）按可变荷载起控制作用的荷载组合，恒荷载分项系数为 1.2；活荷载分项系数取 1.3（因楼面活荷载标准值大于 4kN/m²）。

（4）材料：梁板混凝土：采用 C30 级（$f_c = 14.3\text{N/mm}^2$，$f_t = 1.43\text{N/mm}^2$），梁内受力纵向钢筋为 HRB335 级（$f_y = 300\text{N/mm}^2$），其他钢筋为 HPB300 级（$f_y = 270\text{N/mm}^2$）。

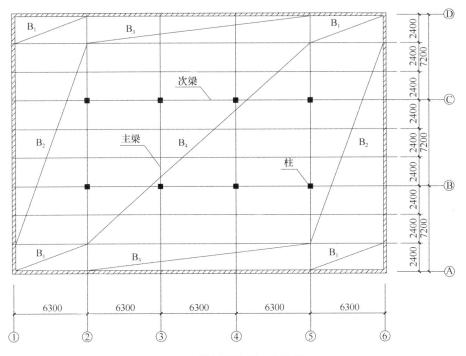

图 2-3　梁板结构平面布置图

2.3.2　截面尺寸选择

按不需要做挠度验算的条件考虑。

板：$h \geqslant \dfrac{l}{40} \geqslant \dfrac{2400}{40} = 60 \geqslant 60\text{mm}$，取板厚 $h = 80\text{mm}$。

次梁：截面高度 $h = (1/18 \sim 1/12)l = 6300/18 \sim 6300/12 = 350 \sim 525\text{mm}$，取 $h = 500\text{mm}$；截面宽度 $b = (1/3 \sim 1/2)h = 500/3 \sim 500/2 = 167 \sim 250\text{mm}$，取 $b = 200\text{mm}$。

主梁：截面高度 $h = (1/14 \sim 1/8)l = 7200/14 \sim 7200/8 = 514 \sim 900\text{mm}$，取 $h = 800\text{mm}$；截面宽度 $b = (1/3 \sim 1/2)h = 800/3 \sim 800/2 = 266 \sim 400\text{mm}$，取 $b = 300\text{mm}$。

柱：$b \times h = 400\text{mm} \times 400\text{mm}$。

2.3.3　板的设计

按内力塑性重分布方法计算。

（1）荷载计算

板的荷载标准值：

20mm 水泥砂浆面层：$0.02 \times 20 = 0.4\text{kN/m}^2$

80mm 钢筋混凝土板：$0.08 \times 25 = 2kN/m^2$

20mm 石灰砂浆：$0.02 \times 17 = 0.34kN/m^2$

小计：$2.74kN/m^2$

板的活荷载标准值：$6kN/m^2$。

恒荷载分项系数取 1.2，因楼面活荷载标准值大于 $4.0kN/m^2$，所以活荷载分项系数应取 1.3，则板的恒荷载设计值：

活荷载设计值：

$$g_k = 2.74 \times 1.2 = 3.29kN/m^2$$

$$q_k = 6.00 \times 1.3 = 7.80kN/m^2$$

荷载总设计值：

$$g_k + q_k = 3.29 + 7.80 = 11.09kN/m^2$$

为计算方便，取沿板的长边方向 1m 宽板作为计算单元，每米板宽：

$$p = (g_k + q_k) \times 1.0 = 11.09kN/m$$

（2）板的计算简图

按内力重分布计算，次梁截面为 $200mm \times 500mm$。现浇板在墙上的支撑长度不小于 100mm，取板在墙上的支撑长度为 120mm。按塑性内力重分布设计，连续板的结构布置图如图 2-4 所示。

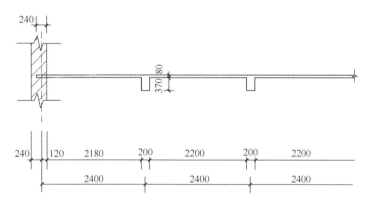

图 2-4 连续板的结构布置图

计算跨度：

边跨：

$l_{01} = l_{n1} + h/2 = (2400 - 120 - 200/2) + 80/2 = 2220mm < l_{01} = l_{n1} + a/2 = (2400 - 120 - 200/2) + 120/2 = 2240mm$

取 $l_{01} = 2220mm$

中间跨：$l_{02} = l_{n2} = 2400 - 200 = 2200mm$

边跨与中间跨的计算跨度相差 $\frac{2240-2220}{2220}\times100\%=0.90\%<10\%$，且跨数大于五跨，故可近似按五跨的等跨连续板的内力系数计算内力。取 1m 宽板带进行计算，连续板的计算简图如图 2-5 所示。

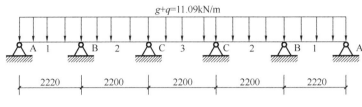

图 2-5　连续板的计算简图

（3）内力及截面承载力计算

1）板弯矩设计值

由表 2-4 可查得，板弯矩系数 α_{mp} 分别为：边跨中 1/11；离端点第二支座 $-1/11$；中间跨中 1/16；中间支座 $-1/14$。故

$$M_1=-M_B=-\frac{1}{11}p\,l_{01}^2=-\frac{1}{11}11.09\times2.24^2=-5.06\text{kN}\cdot\text{m}$$

$$M_C=-\frac{1}{14}p\,l_{02}^2=-\frac{1}{14}11.09\times2.2^2=-3.83\text{kN}\cdot\text{m}$$

$$M_2=\frac{1}{16}p\,l_{02}^2=\frac{1}{16}11.09\times2.2^2=3.35\text{kN}\cdot\text{m}$$

2）板正截面受弯承载力计算

对于一类环境，C30 混凝土，保护层厚度为 15mm，板厚为 80mm，$h_0=h-a_s=80-20=60\text{mm}$；$\alpha_1=1.0$，$f_c=14.3\text{N/mm}^2$，$f_t=1.43\text{N/mm}^2$；HPB300 钢筋，$f_y=270\text{N/mm}^2$。

板的配筋计算过程见表 2-11。

板的配筋计算

表 2-11

截面	边跨跨中 1	第一支座 B	中间跨中 2	中间支座 C
弯矩设计值（kN·m）	5.06	-5.06	3.53 (2.68)	-3.83 (-3.06)
$b(\text{mm})\times h_0(\text{mm})$	1000×60			
$\alpha_s=\dfrac{M}{\alpha_1 f_c b h_0^2}$	0.098	0.098	0.069 (0.052)	0.074 (0.059)
$\xi=1-\sqrt{1-2\alpha_s}$	0.103	0.103	0.072 (0.053)	0.077 (0.061)

截面	边跨跨中 1	第一支座 B	中间跨中 2	中间支座 C
$\gamma_s = 0.5(1 + \sqrt{1 - 2\alpha_s})$	0.948	0.948	0.964 (0.973)	0.962 (0.970)
$A_s = \dfrac{M}{\gamma_s f_y h_0}$	329	329	226 (170)	246 (195)
选用钢筋	$\Phi 8@150$	$\Phi 8@150$	$\Phi 6@110$ ($\Phi 6@110$)	$\Phi 6@110$ ($\Phi 6@110$)
实际配筋（mm²）	335	335	257 (257)	257 (257)
最小配筋率 ρ_{min}（%）	\multicolumn{4}{c	}{$0.45 \dfrac{f_t}{f_y} = 45 \times \dfrac{1.43}{270} = 0.24 > 0.2$，取 $\rho_{min} = 0.24$}
配筋率 $\rho = \dfrac{A_s}{bh}$	$0.42\% > \rho_{min}$	$0.42\% > \rho_{min}$	$0.30\% > \rho_{min}$ ($0.30\% > \rho_{min}$)	$0.31\% > \rho_{min}$ ($0.30\% > \rho_{min}$)

注：②～⑥轴间板带的中间跨中和中间支座考虑板四周与梁整体连接，故弯矩值降低20%计算确定，计算结果列在表中括号内。

（4）板配筋图

板采用弯起式配筋。$q/g = 1.3 \times 6/(1.2 \times 2.74) = 2.37 < 3$，支座钢筋弯起点；离支座边距离 $l_n/6 = 370\text{mm}$，取 400mm。弯起钢筋延伸长度 $a = l_n/4 = 550\text{mm}$，取 550mm。分布钢筋采用 $\Phi 8@200$，伸入板内的长度为 $l_0/4 = 550\text{mm}$，取 550mm。板角配置 $5\Phi 8$，双向附加构造钢筋，伸出墙边为 $l_0/4 = 550\text{mm}$，取 550mm。长跨方向的墙边配 $\Phi 8@200$，伸出墙边长度应满足 $\geq l_0/7 = 314\text{mm}$，取 350mm。短跨方向的墙边除了利用一部分跨内弯起钢筋外，中间板另配置 $\Phi 8@320$，板边带另配 $\Phi 8@400$，伸出墙边 350mm。

板的配筋如图 2-6 所示。

2.3.4 次梁设计

次梁按塑性内力重分布方法计算。

（1）荷载设计值

板的恒荷载：$3.29 \times 2.1 = 6.91\text{kN/m}$

次梁自重：$0.2 \times (0.5 - 0.08) \times 25 \times 1.2 = 2.52\text{kN/m}$

次梁粉刷：$0.02 \times (0.5 - 0.08) \times 17 \times 1.2 \times 2 = 0.34\text{kN/m}$

小计：$g = 9.77\text{kN/m}$

活荷载设计值：$q = 7.8 \times 2.1 = 16.38\text{kN/m}$

荷载总设计值：$p = g + q = 26.15\text{kN/m}$

（2）计算简图

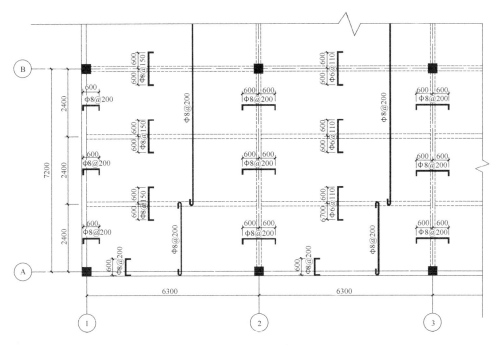

图 2-6　楼板配筋图

次梁在砖墙上的支承长度为 240mm，主梁截面尺寸 300mm×800mm。次梁结构布置图如图 2-7 所示。

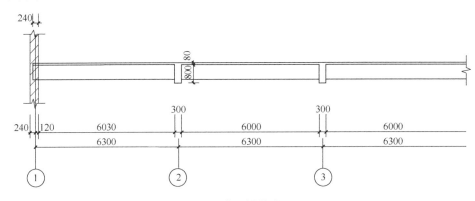

图 2-7　次梁结构布置图

计算跨度：

边跨：$l_{01} = l_{nl} = (6300 - 120 - 300/2) + 240/2 = 6150$mm

$l_{01} = 1.025 \, l_{nl} + h/2 = 1.025(6300 - 120 - 300/2) + 240/2 = 6180.75$mm

取 $l_{01} = 6150$mm

中间跨：$l_{02} = l_{n2} = 6300 - 300 = 6000\text{mm}$

边跨与中间跨的计算跨度相差 $\dfrac{6150-6000}{6000} \times 100\% = 2.50\% < 10\%$，故次梁端支座是铰接的五跨等截面等跨连续梁计算。次梁的计算简图如图 2-8 所示。

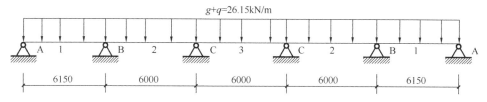

图 2-8　次梁的计算简图

（3）内力计算

由表 2-7 和表 2-8 可查得次梁弯矩系数和剪力系数。

弯矩设计值：

$$M_1 = -M_B = \frac{1}{11} p l_{01}^2 = -\frac{1}{11} \times 26.15 \times 6.15^2 = -89.14\text{kN} \cdot \text{m}$$

$$M_C = -\frac{1}{14} p l_{02}^2 = -\frac{1}{14} \times 26.15 \times 6.0^2 = -67.24\text{kN} \cdot \text{m}$$

$$M_2 = \frac{1}{16} p l_{02}^2 = \frac{1}{16} \times 26.15 \times 6.0^2 = 58.84\text{kN} \cdot \text{m}$$

剪力设计值：

$$V_A = 0.45 p l_{01} = 0.45 \times 26.15 \times 6.15 = 72.37\text{kN}$$

$$V_{B1} = 0.60 p l_{01} = 0.60 \times 26.15 \times 6.15 = 96.49\text{kN}$$

$$V_{B2} = 0.55 p l_{02} = 0.45 \times 26.15 \times 6.0 = 70.61\text{kN}$$

$$V_C = 0.55 p l_{02} = 0.55 \times 26.15 \times 6.0 = 86.30\text{kN}$$

（4）次梁正截面受弯承载力计算

进行正截面受弯承载力计算时，考虑板的作用，跨中截面按 T 形截面计算，翼缘计算宽度取值如下：

边跨：$b'_f = \dfrac{l_0}{3} = \dfrac{6150}{3} = 2050\text{mm}$

又 $b + s_n = 200 + 2200 = 2400\text{mm} > 2050\text{mm}$

故取 $b'_f = 2050\text{mm}$

中跨：$b'_f = \dfrac{l_0}{3} = \dfrac{6000}{3} = 2000\text{mm}$

故取 $b'_f = 2000\text{mm}$

一类环境，混凝土的保护层厚度要求为 35mm，单排钢筋截面有效高度取 $h_0 = 465\text{mm}$，两排钢筋取 $h_0 = 440\text{mm}$。纵向钢筋采用 HRB335 级钢筋，$f_y =$

$300\text{N}/\text{mm}^2$，$\alpha_1 = 1.0$，$f_c = 14.3\text{N}/\text{mm}^2$；箍筋采用 HPB300 级，$f_{yv} = 270\text{N}/\text{mm}^2$。次梁正截面承载力计算过程见表 2-12。

次梁正截面承载力计算

表 2-12

截面	边跨跨中 1	第一内支座 B	中间跨中 2、3	中间支座 C
弯矩设计值（kN·m）	89.14	−89.14	58.84	−67.24
$b \times h_0$ 或 $b_f' \times h_0$	2050×465	200×440	2000×465	200×440
$\alpha_s = \dfrac{M}{\alpha_1 f_c b h_0^2}$	0.014	0.161	0.010	0.121
$\xi = 1 - \sqrt{1 - 2\alpha_s}$	$0.014 < \xi_b$	$0.177 < \xi_b$	$0.010 < \xi_b$	$0.129 < \xi_b$
$\gamma_s = 0.5(1 + \sqrt{1 - 2\alpha_s})$	0.993	0.912	0.995	0.935
$A_s = \dfrac{M}{\gamma_s f_y h_0}$	644	740	424	545
选用钢筋	5B14	5B14	3B14	4B14
实际钢筋截面面积（mm^2）	769	769	461	615
最小配筋率 ρ_{min}（%）	$0.45\dfrac{f_t}{f_y} = 45 \times \dfrac{1.43}{300} = 0.21 > 0.2$，取 $\rho_{min} = 0.21$			
配筋率 $\rho = \dfrac{A_s}{bh}$	$0.76\% > \rho_{min}$	$0.80\% > \rho_{min}$	$0.46\% > \rho_{min}$	$0.62\% > \rho_{min}$

注：混凝土强度等级≤C50，钢筋为 HRB335，则 $\xi_b = 0.550$。

（5）斜截面受剪承载力计算

计算内容包括：截面尺寸的复核、腹筋计算和最小配箍率验算。

1）验算截面尺寸

$$h_w = h_0 - h_f = 440 - 80 = 360\text{mm}$$

$$\frac{h_w}{b} = \frac{360}{200} = 1.8 < 4$$

故 $0.25\beta_c f_c b h_0 = 0.25 \times 1.0 \times 14.3 \times 200 \times 440 = 314600\text{N} > V_{max} = 96.69\text{kN}$，即截面尺寸满足要求。

2）计算所需腹筋

《混凝土结构设计规范》GB 50010—2010 规定，对于截面高度不大于 800mm 的梁，箍筋直径不宜小于 6mm。采用 Φ8 双肢箍，计算离端点第二支座外侧截面，$V = 96.69\text{kN}$。由斜截面受剪承载力计算公式确定箍筋间距 s。

$$s = \frac{1.0 f_{yv} A_{sv} h_0}{V_{cs} - 0.7 f_t b h_0} = \frac{1.0 \times 270 \times (2 \times 50.3) \times 440}{96690 - 0.7 \times 1.43 \times 200 \times 440} = 720\text{mm}$$

如前所述，考虑弯矩调幅确定弯矩设计值时，应在梁塑性铰范围内将计算的箍筋面积增加 20%。现调整箍筋间距：$s = 0.8 \times 720 = 576\text{mm}$。

根据箍筋最大间距要求，取箍筋间距 $s = 200\text{mm}$。

3）验算箍筋下限值

弯矩调幅时要求的配箍率下限值为：

$$\rho_{sv,min} = 0.24\frac{f_t}{f_{yv}} = 0.24 \times \frac{1.43}{270} = 0.113\%$$

实际配箍率为：

$$\rho_{sv} = \frac{A_{sv}}{bs} = \frac{2 \times 50.3}{200 \times 200} = 0.251\% > \rho_{sv,min}$$

满足要求。沿梁全长按 8Φ200 配箍。

（6）次梁配筋图

次梁配筋图如图 2-9 所示。

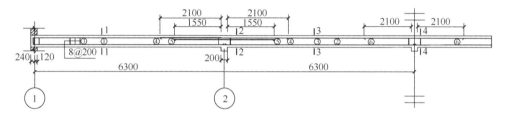

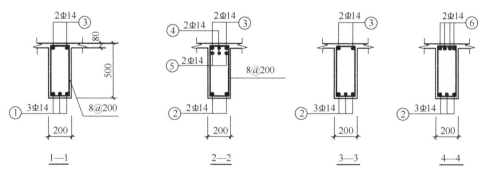

图 2-9　次梁配筋图

2.3.5　主梁设计

主梁按弹性理论计算。

（1）荷载计算值

为简化起见，主梁自重按集中荷载考虑。

次梁传来的恒荷载：$9.77 \times 6.3 = 61.55\text{kN}$

主梁自重：$0.3 \times (0.8 - 0.08) \times 2.4 \times 25 = 12.96\text{kN}$

主梁粉刷：$0.02 \times (0.8 - 0.08) \times 2.4 \times 2 \times 17 = 1.18\text{kN}$

恒荷载标准值：$G_k = 61.55 + 12.96 + 1.18 = 75.69\text{kN}$

活荷载标准值：$Q_k = 16.38 \times 6.3 = 103.19 \text{kN}$

（2）计算简图

主梁两端支承在砌体墙上，支承长度为 370mm，中间支承在 400mm × 400mm 的钢筋混凝土柱上，如图 2-10 所示。墙、柱作为主梁的铰支座，主梁按连续梁计算。

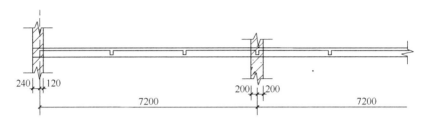

图 2-10 主梁结构布置图

计算跨度如下：

边跨：

$$l_n = 7200 - 120 - \frac{400}{2} = 6880 \text{mm}$$

$$l_{01} = l_n + \frac{b}{2} + 0.025\, l_n = 6880 + \frac{400}{2} + 0.025 \times 6880 = 7252 \text{mm} <$$

$$l_{01} = l_n + \frac{a}{2} + \frac{b}{2} = 6880 + \frac{370}{2} + \frac{400}{2} = 7265 \text{mm}$$

故边跨取 $l_{01} = 7260 \text{mm}$

中跨 $l_{02} = 7200 \text{mm}$，因跨度相差小于 10%，故可按等跨连续梁计算内力。主梁的计算简图如图 2-11 所示。

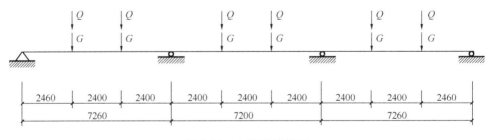

图 2-11 主梁计算简图

（3）内力设计值及内力包络图

1）弯矩设计值

根据下式计算：

$$M = k_1 Gl + k_2 Ql = k_1 \times 75.69 \times l + k_2 \times 103.19 \times l$$

式中，k_1、k_2 为弯矩系数，查表取得。具体计算见表 2-13。

主梁弯矩设计值计算　　　　　　　　　　　　　　表 2-13

序号	荷载简图	$\dfrac{k}{M_1}$	$\dfrac{k}{M_2}$	$\dfrac{k}{M_B}$	$\dfrac{k}{M_3}$	$\dfrac{k}{M_4}$
①		$\dfrac{0.244}{134.08}$	$\dfrac{0.155}{85.17}$	$\dfrac{-0.267}{-146.72}$	$\dfrac{0.067}{36.51}$	$\dfrac{0.067}{36.51}$
②		$\dfrac{0.289}{216.51}$	$\dfrac{0.244}{182.79}$	$\dfrac{-0.133}{-99.64}$	$\dfrac{-0.133}{-98.81}$	$\dfrac{-0.133}{-98.81}$
③		$\dfrac{-0.044}{-32.96}$	$\dfrac{-0.089}{-66.68}$	$\dfrac{-0.133}{-99.64}$	$\dfrac{0.200}{148.59}$	$\dfrac{0.200}{148.59}$
④		$\dfrac{0.229}{171.56}$	$\dfrac{0.125}{93.64}$	$\dfrac{-0.311}{-232.99}$	$\dfrac{0.096}{71.32}$	$\dfrac{0.170}{126.30}$
⑤		$\dfrac{-0.030}{-22.47}$	$\dfrac{-0.059}{-44.20}$	$\dfrac{-0.089}{-66.68}$	$\dfrac{0.170}{126.30}$	$\dfrac{0.096}{71.32}$
内力不利组合	①+②	350.59	267.96	-246.36	-62.30	-62.30
	①+③	101.12	18.49	-246.36	185.10	185.10
	①+④	305.64	178.81	-379.71	107.83	162.81
	①+⑤	111.61	40.97	-213.40	162.81	107.83

2）剪力设计值

根据下式计算：

$$V = k_1 G + k_2 Q = k_1 \times 75.69 + k_2 \times 103.19$$

式中，k_1、k_2 为剪力系数，查表取得。具体计算见表 2-14。

主梁剪力设计值计算　　　　　　　　　　　　　　表 2-14

序号	荷载简图	$\dfrac{k}{V_A}$	$\dfrac{k}{V_{B左}}$	$\dfrac{k}{V_{B右}}$
①		$\dfrac{0.733}{55.48}$	$\dfrac{-1.267}{-95.90}$	$\dfrac{1.000}{75.69}$

续表

序号	荷载简图	$\dfrac{k}{V_A}$	$\dfrac{k}{V_{B左}}$	$\dfrac{k}{V_{B右}}$
②		$\dfrac{0.866}{89.36}$	$\dfrac{-1.134}{-117.02}$	0
③		$\dfrac{-0.133}{-13.72}$	$\dfrac{-0.133}{-13.72}$	$\dfrac{1.000}{103.19}$
④		$\dfrac{0.689}{71.10}$	$\dfrac{-1.211}{-124.96}$	$\dfrac{1.222}{126.10}$
⑤		$\dfrac{-0.089}{-9.18}$	$\dfrac{-0.089}{-9.18}$	$\dfrac{0.778}{80.28}$
内力不利组合	①+②	144.84	−212.92	75.69
	①+③	41.76	−109.62	178.88
	①+④	126.58	−220.86	201.79
	①+⑤	46.30	−105.08	155.97

3）弯矩包络图和剪力包络图

综上所述，将上述荷载情况最不利组合，得到主梁的弯矩包络图和剪力包络图如图 2-12 所示。

（4）主梁正截面抗弯承载力计算

跨内按 T 形截面计算，因 $\dfrac{h'_f}{h_0} = \dfrac{80}{760} = 0.11 > 0.1$，所以翼缘计算宽度取：

边跨：

$$b'_f = \frac{l}{3} = \frac{7260}{3} = 2420 \text{mm} < b + s_n$$

中间跨：

$$b'_f = \frac{l}{3} = \frac{7200}{3} = 2400 \text{mm} < b + s_n$$

取 $b'_f = 2.4$m 计算，故：

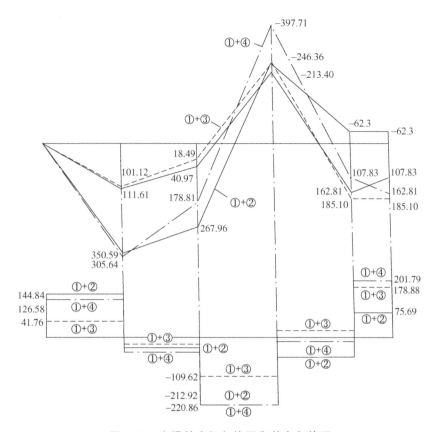

图 2-12 主梁的弯矩包络图和剪力包络图

$$h_0 = 800 - 40 = 760\text{mm}$$

支座截面按矩形截面计算，考虑到支座负弯矩较大，采用双排配筋，故：

$$h_0 = 800 - 90 = 710\text{mm}$$

主梁的正截面承载力计算见表 2-15。

主梁弯起钢筋的弯起和切断按弯矩包络图确定。

主梁的正截面承载力计算   表 2-15

截面	边跨跨中 1	第一内支座 B	中间跨跨中 2	
弯矩设计值（kN·m）	350.59	−379.71	185.10	−62.30
$b \times h_0^2$ 或 $b_f' \times h_0^2$	2420×760^2	300×710^2	2400×760^2	2400×760^2
$\alpha_s = \dfrac{M}{\alpha_1 f_c b h_0^2}$	0.018	0.175	0.009	0.003
$\xi = 1 - \sqrt{1 - 2\alpha_s}$	$0.018 < \xi_b$	$0.194 < \xi_b$	$0.009 < \xi_b$	$0.003 < \xi_b$

截面	边跨跨中 1	第一内支座 B	中间跨中 2	
$\gamma_s = 0.5(1 + \sqrt{1 - 2\alpha_s})$	0.991	0.903	0.995	0.998
$A_s = \dfrac{M}{\gamma_s f_y h_0}$	1553	1972	816	274
选用钢筋	5 Φ 20	6 Φ 22	3 Φ 20	2 Φ 14
实际钢筋截面面积（mm^2）	1570	2281	942	308
最小配筋率 ρ_{min}（%）	\multicolumn{4}{c	}{$0.45 \dfrac{f_t}{f_y} = 45 \times \dfrac{1.43}{300} = 0.21 > 0.2$，取 $\rho_{min} = 0.21$}
配筋率 $\rho = \dfrac{A_s}{bh}$	0.65% > ρ_{min}	0.95% > ρ_{min}	0.39% > ρ_{min}	—

注：混凝土强度等级≤C50，钢筋为 HRB335，则 $\xi_b = 0.550$。

（5）主梁斜截面受剪承载力计算

1）验算截面尺寸

$$h_w = h_0 - h'_f = 760 - 90 = 670 \text{mm}$$

$$\frac{h_w}{b} = \frac{670}{300} = 2.23 < 4$$

截面尺寸按下式验算：

$$0.25 \beta_c f_c b h_0 = 0.25 \times 1.0 \times 14.3 \times 300 \times 760 = 815100\text{N} > V_{max} = 350.59\text{kN}$$

截面尺寸满足要求。

2）计算所需腹筋

采用 Φ 8@200 双肢箍：

$$V_{cs} = 0.7 f_t b h_0 + \frac{f_{yv} A_{sv} h_0}{s}$$

$$= 0.7 \times 1.43 \times 300 \times 760 + \frac{270 \times 2 \times 50.3 \times 760}{200}$$

$$= 331444\text{N}$$

$V_A = 144.84\text{kN} < V_{cs}$，$V_{Bl} = 220.86\text{kN} < V_{cs}$，$V_{Br} = 201.79\text{kN} < V_{cs}$，满足构造要求。

3）验算最小配箍率

$$\rho_{sv} = \frac{A_{sv}}{bs} = \frac{2 \times 50.3}{300 \times 200} = 1.68 \times 10^{-3} >$$

$$\frac{0.24 f_t}{f_{yv}} = \frac{0.24 \times 1.43}{270} = 1.27 \times 10^{-3}$$

满足要求。

（6）主梁配筋图（图 2-13）

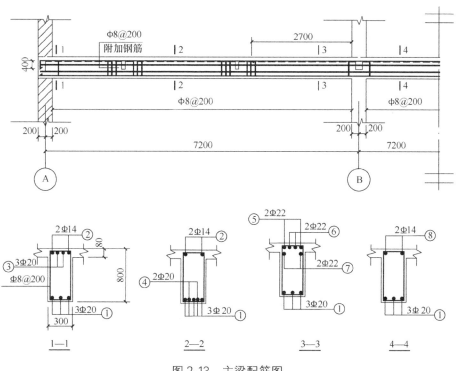

图 2-13　主梁配筋图

2.4　双向板肋梁楼盖设计计算方法

2.4.1　双向板的内力计算

双向板的内力计算有两种方法：一是按弹性理论计算；另一种是按塑性理论计算。按弹性理论计算双向板内力的方法简单，此时认为双向板为各向同性，且板厚 h 远小于平面尺寸，挠度不超过 $h/5$，其受力分析属于弹性理论小挠度薄板的弯曲问题；按塑性理论计算双向板内力的数值结果配筋，可节省钢筋，便于施工，但是计算过程较为复杂，此处仅介绍按弹性理论计算的方法。

1. 单块双向板（单区格双向板）的内力计算

单区格板根据其四边支承条件的不同，可划分为六种不同边界条件的双向板，即四边简支、一边固定三边简支、两对边固定两对边简支、四边固定、两邻边固定两邻边简支、三边固定一边简支。在均布荷载作用下，根据弹性力学，可计算出每一种板的内力和变形。在实际工程设计中，只需计算出板的跨中弯矩、支座弯矩以及跨中挠度，便可进行截面配筋设计。为了计算应用方便，工程中已经将这个计算过程编制成系数表格，如附录 A 表 A-1～表 A-6 所示。计算时，只需根据边界支承条件和长短边之比的情况，直接查表确定相关系数，即可获得需要计算的内力和挠度。

弯矩可按下式计算：

$$m = \alpha p\, l_0^2 \qquad (2-5)$$

式中：m——跨中或支座单位板宽内的弯矩设计值（kN·m/m）；

　　　p——板上作用的均布荷载设计值（kN/m²），$p = g + q$；

　　　g——板上作用的均布恒载设计值（kN/m²）；

　　　q——板上作用的均布活载设计值（kN/m²）；

　　　l_0——短跨方向的计算跨度（m）；

　　　α——查附录 A 表 A-1～表 A-6 所得弯矩系数。

挠度按下式计算：

$$f = \lambda \frac{p\, l_0^4}{B_c} \qquad (2-6)$$

式中：λ——查附录 A 中表 A-1～表 A-6 所得挠度系数；

　　　B_c——板的截面受弯刚度，$B_c = \dfrac{Eh^3}{12(1-v^2)}$，其中 E 为弹性模量，h 为板

　　　　　厚，v 为泊松比。

另外，需要指出的是，附录 A 表 A-1～表 A-6 中的系数是 $v = 0$ 求得的，$v =$ 0 代表一种实际上不存在的假想材料，而钢筋混凝土的泊松比 $v = \dfrac{1}{6}$，所以用于钢筋混凝土双向板计算时，应予以考虑。即当 $v \neq 0$，钢筋混凝土双向板的跨内弯矩可按下列式计算：

$$m_x^{(v)} = m_x + \nu m_y \qquad (2-7)$$

$$m_y^{(v)} = m_y + \nu m_x \qquad (2-8)$$

式中：$m_x^{(v)}$、$m_y^{(v)}$——考虑泊松比影响后的 l_{0x} 和 l_{0y} 分向单位板宽内的弯矩设计值；

　　　m_x、m_y——$v = 0$ 时，l_{0x} 和 l_{0y} 分向单位板宽内的弯矩设计值。

对于支座截面弯矩设计值，由于另一个方向带弯矩等于零，故不存在两个方向板带弯矩的相互影响问题。

2. 多跨连续双向板（多区格连续双向板）的内力计算

多跨连续双向板（多区格连续双向板）的内力计算，在设计中一般采用以单区格双向板计算为基础的近似计算方法。该方法采用的基本假定为：支承梁的抗弯刚度很大，梁的竖向变形可以忽略不计；支承梁的抗扭刚度很小，其对板的转动约束作用可以忽略不计。根据上述基本假定，可将梁视为板的不动铰支座，从

而使双向板的内力计算得到简化。

由于多跨连续双向板上作用的荷载有恒荷载和活荷载，根据结构力学中活荷载最不利布置的原则，在确定活荷载的最不利作用位置时，可以采用既接近实际情况又便于利用单区格双向板计算系数表的布置方案：当求支座负弯矩时，楼盖各区格板均满布活荷载；当求跨中正弯矩时，在该区格及其前后左右每隔一区格布置活荷载，这就是所谓的"棋盘式布置"方案，如图 2-14 所示。

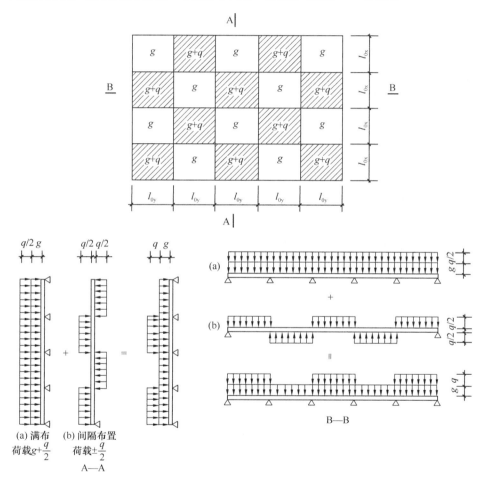

图 2-14　多区格连续双向板计算跨中弯矩时的计算图式

当连续双向板在同一方向相邻跨的最大跨度差不超过 20% 时，可按下述方法进行计算。

（1）跨中最大正弯矩的计算

双向板的边界条件往往既不是完全嵌固又不是理想简支，而单向板计算系数表只有固定和简支两种典型条件，为了能利用这些典型的系数表，在计算区格跨中最大正弯矩时，通常把作用在板上的均布荷载分解为正对称（满布荷载 $g+\dfrac{q}{2}$ 作用）和反对称（间隔布置 $\pm\dfrac{q}{2}$ 作用）两种情况，其计算图式如图 2-14（a）、（b）所示。此处 g 为均布恒荷载，q 为均布活荷载。

在对称荷载作用下，即满布荷载 $g+\dfrac{q}{2}$ 的情况。多跨连续双向板由于荷载并跨布置，其中间支座两侧荷载相同。由结构力学中对称结构在对称荷载作用下反对称内力为零的特点可知，板在支座处垂直截面的转角为零，因而所有中间区格板均可视为四边固定的双向板。但是对于边区格板，根据实际情况可视为三边固定一边简支的双向板，而角区格板则可视为两边固定两边简支的双向板。

在反对称荷载作用下，即间隔布置 $\pm\dfrac{q}{2}$ 的情况。由于荷载在相邻区格间正负相间，由结构力学中对称结构在反对称荷载作用下正对称内力为零的特点可知，板在支座处垂直截面弯矩为零，且转角大小相等，方向相同，变形协调，因而可以把中间支座看成都是简支的，即所有中间区格板均可视为四边简支板，对于边区格和角区格仍按实际情况采用。

经过以上处理，就可以查附录 A 表 A-1～表 A-6 中的相关系数，对上述两种荷载情况分别求出其跨中弯矩，而后叠加，即可求出各区格的跨中最大弯矩。

（2）支座最大负弯矩的计算

由前述可知，在求支座最大负弯矩时，为了简化起见，不考虑活荷载的最不利布置，而近似认为在所有区格上满布均布荷载时支座将产生最大负弯矩，即楼盖荷载可以按满布 $g+q$ 考虑，如图 2-15 所示。此时，各支座处垂直截面的转角

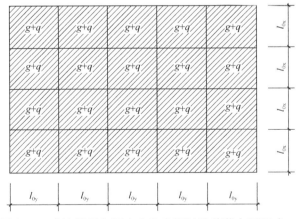

图 2-15　求连续双向板支座负弯矩时的荷载布置图式

为零，即可认为各区格板在中间支座处为固定；楼盖周边仍按实际支承条件考虑，如果是支承在圈梁上，也可以假定为固定，如果是四周支承在砖墙上，则应假定为简支，由此即可确定各种情况下的板的四边支承条件。然后，按照单区格板的计算方法查附录 A 表 A-1～表 A-6 即可确定各固定边中点的弯矩。

对于相邻区格板，有时由于对边支承条件的不同，各自所求出的同一支座处的负弯矩不相等，如果两者相差不大，在设计中可以取平均值进行计算配筋，如果悬殊较大，可取绝对值较大者为该支座最大负弯矩。

3. 双向板弯矩值的折减

多跨连续双向板在荷载作用下，与多跨连续单向板相似，由于四边支承梁的约束作用，对于周边与梁整体连接的双向板，除角区格外，也可考虑由于板的内拱作用引起周边支承梁对板的推力的有利影响，即周边支承梁对板的水平推力将使板的跨中弯矩减小。鉴于这一有利因素，规范规定设计时允许其弯矩设计值按下列情况予以折减：

（1）对于连续双向板的中间区格，其跨中截面及中间支座截面折减系数取 0.8。

（2）对于边区格，其跨中截面及自楼板边缘算起的第二支座截面：当 l_b / l_0 < 1.5 时，折减系数取 0.8；当 $1.5 \leqslant l_b / l_0$ < 2 时，折减系数取 0.9。此处，l_b 指沿楼板边缘方向区格板的计算跨度，l_0 指垂直于楼板边缘方向（即 l_b 方向）板的计算跨度。

（3）楼板的角区格板不予折减。

2.4.2 双向板支撑梁的内力计算

精确地确定双向板传给支承梁的荷载是困难的，工程上也是不必要的。在实际工程设计中，常将双向板的板面按 45°对角线分块，并分别作用到两个方向的支承梁上，然后进行近似计算。即在确定双向板传给支承梁的荷载时，可根据荷载传递路线最短的原则按如下方法近似确定：从每一区格的四角做 45°线与平行于长边的中线相交，把整块板分为四块，每块小板上的荷载就近传至其支承梁上。因此，双向板支承梁上的荷载不是均匀分布的，除梁自重（均布荷载）和直接作用在梁上的荷载（均布荷载或集中荷载）外，短跨支承梁上的荷载呈三角形分布，长跨支承梁上的荷载呈梯形分布，如图 2-16 所示。

支承梁的内力可按弹性理论或塑性理论计算，分别如下所述。

1. 按弹性理论计算

按弹性理论计算时，对于等跨或近似等跨（跨度相差不超过 10%）的连续支承梁，当承受梯形分布荷载时，其内力分析可直接查用静力计算手册有关表格所提供的内力系数进行计算，而对承受三角形分布荷载的连续梁，其内力系数亦可由有关《混凝土结构设计》教材中查得。当这些系数查用不方便时，对承受三

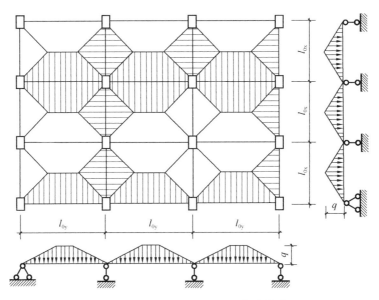

图 2-16 双向板支撑梁上的荷载计算简图

角形或梯形分布荷载的连续支承梁，还可考虑利用固端弯矩相等的条件，先将支承梁的三角形或梯形荷载转化为等效均布荷载，如图 2-17 和图 2-18 所示，然后再利用均布荷载下单跨简支梁的静力平衡条件计算梁的内力（弯矩、剪力）。

　　图 2-17、图 2-18 分别表示出了三角形分布荷载和梯形分布荷载转化为等效均布荷载的计算公式，是根据支座处弯矩相等的条件求出的。

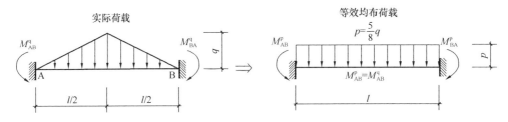

图 2-17 三角形分布荷载等效为均布荷载

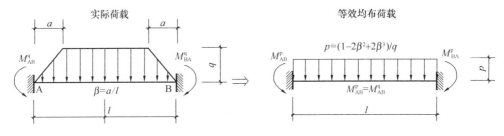

图 2-18 梯形分布荷载等效为均布荷载

根据图 2-17 和图 2-18 可知，实际荷载经过等效后，等效均布荷载大小如下：

三角形荷载

$$p = \frac{5}{8}q \tag{2-9}$$

梯形荷载

$$p = (1 - 2\beta^2 + \beta^3)q \tag{2-10}$$

在按等效均布荷载求出支座弯矩后，再根据所求得的支座弯矩和每跨的荷载分布由静力平衡条件计算出跨中弯矩和支座剪力。需要指出的是，由于等效均布荷载是根据梁支座弯矩值相等的条件确定的，因此各跨的跨内弯矩和支座剪力值应按梁上原有荷载形式进行计算。即先按等效均布荷载确定各支座截面的弯矩值，然后以各跨为脱离体按简支梁在支座弯矩和实际荷载共同作用下，由静力平衡条件计算出跨中弯矩。

另外，承受三角形荷载的简支梁跨中弯矩计算公式为：

$$M = \frac{ql^2}{12} \tag{2-11}$$

承受梯形荷载的简支梁跨中弯矩计算公式为：

$$M = \frac{ql^2}{24}(3 - 4\beta^2) \tag{2-12}$$

因此，若根据等效均布荷载求出支座弯矩后，亦可由式（2-11）和式（2-12）计算出实际荷载作用下相应简支梁的跨中弯矩，然后依据叠加原理计算跨中的最终弯矩。

2. 按塑性理论计算

在考虑塑性内力重分布时，可在弹性理论求得的支座弯矩基础上，进行调幅（可取调幅系数为 0.75～0.85），再按实际荷载分布由静力平衡条件计算出跨中弯矩。

双向板支承梁的截面设计和构造要求与单向板肋梁楼盖的支承梁相同。

2.4.3 截面设计与构造要求

1. 双向板的构造要求

（1）双向板厚度的确定

双向板的厚度一般不宜小于 80mm，也不大于 160mm。由于双向板的挠度一般不另作验算，故为使其有足够的刚度，板厚应符合下述要求：

简支板

$$h \geqslant \frac{1}{45}l_{0x} \tag{2-13}$$

连续板

$$h \geqslant \frac{1}{50} l_{0x} \qquad (2\text{-}14)$$

式中：l_{0x}——双向板的短跨计算跨度。

（2）板的截面有效高度

双向板沿两个方向均布置受力钢筋，故计算时在两个方向应分别采用各自的截面有效高度 h_{01} 和 h_{02}。由于双向板短跨方向的弯矩值比长跨方向大，因此短跨方向的钢筋应放置在长跨方向钢筋的外侧。此时截面有效高度 h_{01}、h_{02} 可取为：

短跨 l_{0x} 方向：

$$h_{01} = h - 20\text{mm}$$

长跨 l_{0y} 方向：

$$h_{02} = h_{01} - d \approx h - 30\text{mm}$$

式中：h——板厚（mm）。

（3）板的配筋计算

当计算出单位板宽度的截面弯矩设计值 m 后，可按下式计算受拉钢筋截面积：

$$A_s = \frac{m}{f_y r_s h_0} \qquad (2\text{-}15)$$

式中：r_s——内力臂系数，近似取 $0.9 \sim 0.95$。

2. 双向板的钢筋配置

双向板跨中截面配筋是以跨中最大弯矩进行配筋，但是实际上跨中弯矩不仅沿板长变化，且沿板宽向两边逐渐减小，故截面配筋也应向两边逐渐减小。考虑到施工方便，设计中的具体做法是：将板在 l_{0x} 及 l_{0y} 方向各分为三个板带（图 2-19），两个边板带的宽度均为板短跨方向 l_{0x} 的 1/4，其余则为中间板带。在中间板带均匀配置按最大正弯矩求得的板底钢筋，边板带单位板宽的配筋量取为中间板带单位板宽配筋量的一半，但每米宽度内不得少于 3 根。但是，对于支座边界板顶负钢筋，为了承受四角扭矩，钢筋沿全支座宽度均匀布置，配筋量按最大支座负弯矩求得，并不在边带内减少。

双向板的配筋方式有分离式和连续式两种，但是由于双向板内钢筋纵横，并且在两个方向都是主筋，采用连续配筋比较麻烦，所以实际工程中常采用分离式配筋，其构造要求可查看有关构造手册。

受力钢筋的直径、间距和弯起点、切断点的位置等规定，与单向板的有关规定相同。沿墙边、墙角处的构造钢筋配置亦与单向板楼盖中的有关规定相同。

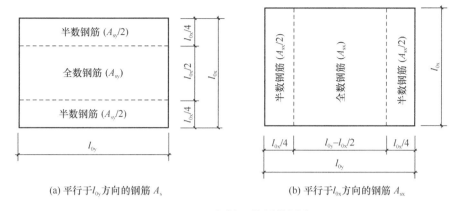

(a) 平行于 l_{0y} 方向的钢筋 A_{sy}　　　　　(b) 平行于 l_{0x} 方向的钢筋 A_{sx}

图 2-19　双向板配筋板带划分

2.4.4　计算书及施工图

现浇钢筋混凝土双向板肋梁楼盖设计的计算书和施工图要求做到以下几点：

（1）计算书中基本资料描述准确，参数选取合理；

（2）荷载和内力计算过程清晰完整，需画出正确的计算模型简图；

（3）施工图要求达到一定的深度，满足施工要求，表达合理规范。

2.5　双向板肋形梁楼盖设计实例

2.5.1　设计资料

某楼盖采用现浇钢筋混凝土双向板结构，其结构平面布置如图 2-20 所示。设计使用年限 50 年，安全结构等级为二级，环境类别为一类。

楼面做法：钢筋混凝土现浇板 100mm 厚，20mm 水泥砂浆找平，20mm 石灰砂浆抹底。

楼面活荷载：楼面活荷载标准值 $q_k = 6.0 \text{kN/m}^2$，准永久值系数 $\psi_q = 0.5$。

材料：混凝土强度等级 C30；梁内受力钢筋为 HRB335，其他钢筋采用 HPB300。

双向板支撑梁截面尺寸：根据刚度要求，$h = l/15 \sim l/10 = 4000/15 \sim 4000/10 = 267 \sim 400 \text{mm}$，取 $h = 500 \text{mm}$，截面宽度 $b = h/2 \sim h/3$，取 $b = 250 \text{mm}$。

对图示 2-20 各区格进行编号，根据结构平面尺寸和边界支承条件共分为四类，即 A、B、C、D 四类，区格板划分及标注如图 2-21 所示，现按弹性理论设计该双向板楼盖。

2.5.2　荷载计算

楼面活荷载：6.0kN/m²

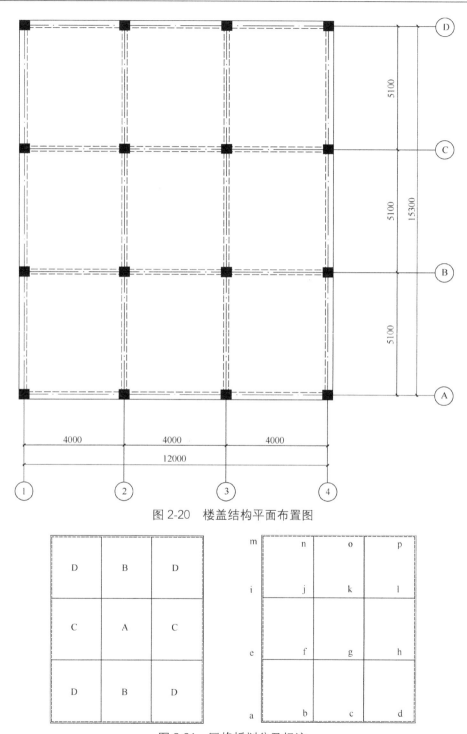

图 2-20　楼盖结构平面布置图

图 2-21　区格板划分及标注

20mm 厚水泥砂浆面层：$0.020 \times 20 = 0.4 \text{kN/m}^2$

100mm 厚钢筋混凝土板：$0.100 \times 25 = 2.5 \text{kN/m}^2$

20mm 厚石灰砂浆抹底：$0.020 \times 17 = 0.34 \text{kN/m}^2$

小计：3.24kN/m^2

永久荷载分项系数 γ_G 取 1.2，因楼面活荷载大于 4.0kN/m^2，活荷载分项系数 γ_Q 应取 1.3，于是板的荷载基本组合值：

$$q = 1.3 \times 6.0 = 7.8 \text{kN/m}^2$$

$$g = 1.2 \times 3.24 = 3.89 \text{kN/m}^2$$

$$g + q = 3.89 + 7.8 = 11.69 \text{kN/m}^2$$

$$g + q/2 = 3.89 + 7.8/2 = 7.79 \text{kN/m}^2$$

$$q/2 = 7.8/2 = 3.9 \text{kN/m}^2$$

2.5.3　内力计算

1. 计算跨度

（1）内跨 $l_0 = l_c$，此处 l_c 为轴线间的距离；

（2）边跨 $l_0 = l_c - 250 + 100/2$。

2. 弯矩计算

跨中最大正弯矩发生在活载为"棋盘式布置"时，即跨中弯矩为内支座固支时 $g + q/2$ 作用下的跨中弯矩与当内支座铰支时 $\pm q/2$ 作用下的跨中弯矩值两者之和。支座最大负弯矩可以近似按活荷载满布时求得，即为内支座固支时 $g + q$ 作用下的支座弯矩。在上述各种情况中，周边梁对板的作用视为铰支座。计算弯矩时考虑泊松比的影响，在计算中近似取 0.2。

（1）A 区格板：

$$\frac{l_{0x}}{l_{0y}} = \frac{4.0}{5.1} = 0.78$$

查表 2-13～表 2-15，并按 $m_{x\nu} = m_x + \nu m_y$、$m_{y\nu} = m_y + \nu m_x$，计算板的跨中正弯矩；板的支座负弯矩按 $g + q$ 作用下计算。

周边固支时，由附录 A 中表 A-4 查得 l_{0x}、l_{0y} 方向的跨中弯矩系数分别为 0.0281、0.0138，支座弯矩系数分别为 -0.0679、-0.0561；周边简支时，由附录表 A-1 查得 l_{0x}、l_{0y} 方向的跨中弯矩系数分别为 0.0585、0.0327。于是

$$m_x = (0.0281 + 0.2 \times 0.0138)\left(g + \frac{q}{2}\right)l_{0x}^2 + (0.0585 + 0.2 \times 0.0327)\frac{q}{2}l_{0x}^2$$

$$= 0.0309 \times 7.79 \times 4.0^2 + 0.0650 \times 3.9 \times 4.0^2$$

$$= 7.91 \text{kN} \cdot \text{m}$$

$$m_y = (0.0138 + 0.2 \times 0.0281)\left(g + \frac{q}{2}\right)l_{0x}^2 + (0.0327 + 0.2 \times 0.0585)\frac{q}{2}l_{0x}^2$$

$$= 0.0194 \times 7.79 \times 4.0^2 + 0.0444 \times 3.9 \times 4.0^2$$

$$= 5.19\text{kN} \cdot \text{m}$$

$$m_x' = -0.0679(g + q)l_{0x}^2$$

$$= -0.0679 \times 11.69 \times 4.0^2$$

$$= -12.70\text{kN} \cdot \text{m}$$

$$m_y' = -0.0561(g + q)l_{0x}^2$$

$$= -0.0561 \times 11.69 \times 4.0^2$$

$$= -10.49\text{kN} \cdot \text{m}$$

（2）B 区格板：

$$\frac{4.0}{4.9} = 0.82$$

$$m_x = (0.0302 + 0.2 \times 0.0130)\left(g + \frac{q}{2}\right)l_{0x}^2 + (0.0539 + 0.2 \times 0.0340)\frac{q}{2}l_{0x}^2$$

$$= 0.0328 \times 7.79 \times 4.0^2 + 0.0607 \times 3.9 \times 4.0^2$$

$$= 7.87\text{kN} \cdot \text{m}$$

$$m_y = (0.0130 + 0.2 \times 0.0302)\left(g + \frac{q}{2}\right)l_{0x}^2 + (0.0340 + 0.2 \times 0.0539)\frac{q}{2}l_{0x}^2$$

$$= 0.0190 \times 7.79 \times 4.0^2 + 0.0448 \times 3.9 \times 4.0^2$$

$$= 5.16\text{kN} \cdot \text{m}$$

$$m_x' = -0.0711(g + q)l_{0x}^2$$

$$= -0.0711 \times 11.69 \times 4.0^2$$

$$= -13.30\text{kN} \cdot \text{m}$$

$$m_y' = -0.0569(g + q)l_{0x}^2$$

$$= -0.0569 \times 11.69 \times 4.0^2$$

$$= -10.64\text{kN} \cdot \text{m}$$

（3）C 区格板：

$$\frac{3.8}{5.1} = 0.75$$

$$m_x = (0.0208 + 0.2 \times 0.0329)\left(g + \frac{q}{2}\right)l_{0x}^2 + (0.0620 + 0.2 \times 0.0317)\frac{q}{2}l_{0x}^2$$

$$= 0.0273 \times 7.79 \times 3.8^2 + 0.0683 \times 3.9 \times 3.8^2$$

$$= 6.92 \text{kN} \cdot \text{m}$$

$$m_y = (0.0329 + 0.2 \times 0.0208)\left(g + \frac{q}{2}\right)l_{0x}^2 + (0.0317 + 0.2 \times 0.0620)\frac{q}{2}l_{0x}^2$$

$$= 0.0371 \times 7.79 \times 3.8^2 + 0.0441 \times 3.9 \times 3.8^2$$

$$= 6.66 \text{kN} \cdot \text{m}$$

$$m'_x = -0.0729(g + q)l_{0x}^2$$

$$= -0.0729 \times 11.69 \times 3.8^2$$

$$= -12.31 \text{kN} \cdot \text{m}$$

$$m'_y = -0.0837(g + q)l_{0y}^2$$

$$= -0.0837 \times 11.69 \times 3.8^2$$

$$= -14.13 \text{kN} \cdot \text{m}$$

（4）D区格板：

$$\frac{3.8}{4.9} = 0.78$$

$$m_x = (0.0369 + 0.2 \times 0.0198)\left(g + \frac{q}{2}\right)l_{0x}^2 + (0.0585 + 0.2 \times 0.0327)\frac{q}{2}l_{0x}^2$$

$$= 0.0409 \times 7.79 \times 3.8^2 + 0.0650 \times 3.9 \times 3.8^2$$

$$= 8.26 \text{kN} \cdot \text{m}$$

$$m_y = (0.0198 + 0.2 \times 0.0369)\left(g + \frac{q}{2}\right)l_{0x}^2 + (0.0327 + 0.2 \times 0.0585)\frac{q}{2}l_{0x}^2$$

$$= 0.0272 \times 7.79 \times 3.8^2 + 0.0444 \times 3.9 \times 3.8^2$$

$$= 5.56 \text{kN} \cdot \text{m}$$

$$m'_x = -0.0905(g + q)l_{0x}^2$$

$$= -0.0905 \times 11.69 \times 3.8^2$$

$$= -15.28 \text{kN} \cdot \text{m}$$

$$m'_y = -0.0753(g + q)l_{0x}^2$$

$$= -0.0753 \times 11.69 \times 3.8^2$$

$$= -12.71 \text{kN} \cdot \text{m}$$

2.5.4　配筋计算

一类环境类别，C30（$f_c = 14.3\text{N/mm}^2$、$f_t = 1.43\text{N/mm}^2$）混凝土，板受力钢筋保护层厚度为20mm。板钢筋采用 HRB335 级，$f_y = 300\text{N/mm}^2$。

界面有效高度：l_{0x}（短跨）方向跨中截面的 $h_{01} = 100 - 20 = 80\text{mm}$，$l_{0y}$（长跨）方向跨中截面的 $h_{02} = 100 - 30 = 70\text{mm}$，支座截面处 h_0 均为 80mm。

截面设计使用的弯矩：楼盖周边未设圈梁，故只能将区格的跨中弯矩及 A-A 支座弯矩减少 20%，其余均不折减。相邻区格板支座弯矩不等时取两者之间的较大值。计算配筋时，近似取内力臂系数 $\gamma_s = 0.95$、$A_s = \dfrac{m}{0.95 h_0 f_y}$。截面配筋计算结果及实际配筋见表 2-16。

按弹性理论设计的截面配筋　　　　　　　　　　　　　　表 2-16

截面		h_0 (mm)	m (kN·m/m)	A_s (mm²/m)	配筋	实配 A_s (mm²/m)
跨中	A 区格 l_{0x} 方向	80	7.91×0.8=6.33	278	Φ8@180	279
	A 区格 l_{0y} 方向	70	5.19×0.8=4.15	208	Φ8@200	251
	B 区格 l_{0x} 方向	80	7.87	345	Φ8@140	359
	B 区格 l_{0y} 方向	70	5.16	259	Φ8@190	265
	C 区格 l_{0x} 方向	80	6.92	304	Φ8@160	314
	C 区格 l_{0y} 方向	70	6.66	334	Φ8@150	335
	D 区格 l_{0x} 方向	80	8.26	362	Φ8@130	387
	D 区格 l_{0y} 方向	70	5.56	279	Φ8@180	279
支座	j-k (f-g)	80	−13.30	583	Φ10@130	604
	j-f (k-g)	80	−14.13	620	Φ10@125	628
	b-f (n-j、o-k、c-g)	80	−12.71	557	Φ10@140	561
	b-c (n-o)	80	0	0	Φ8@200	251
	e-i (h-l)	80	0	0	Φ8@200	251
	e-f (g-h、i-j、k-l)	80	−15.28	670	Φ12@160	707
	a-e (d-h、i-m、l-p)	80	0	0	Φ8@200	251
	a-b (c-d、m-n、o-p)	80	0	0	Φ8@200	251

楼板配筋图如图 2-22 所示。

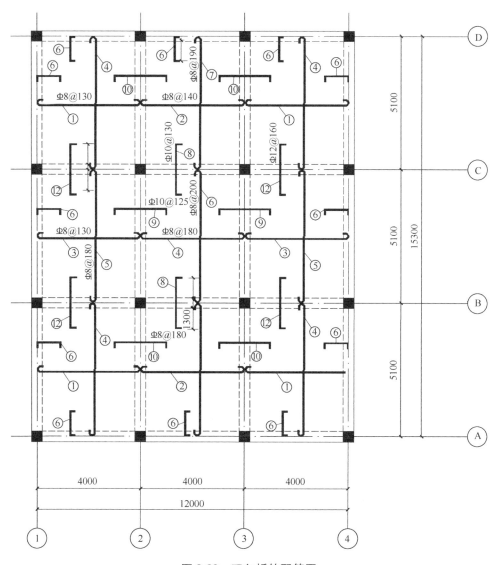

图 2-22 双向板的配筋图

2.6 板肋梁楼盖课程设计任务书

2.6.1 单向板肋梁楼盖结构设计

1. 设计任务

某多层工业厂房，采用现浇钢筋混凝土结构，设计时只考虑竖向荷载作用，要求完成该钢筋混凝土单向板肋梁楼盖的结构设计。

2. 设计资料

某多层工业厂房采用钢筋混凝土现浇单向板肋梁楼盖，柱网及墙体平面布置如图 2-23 所示。

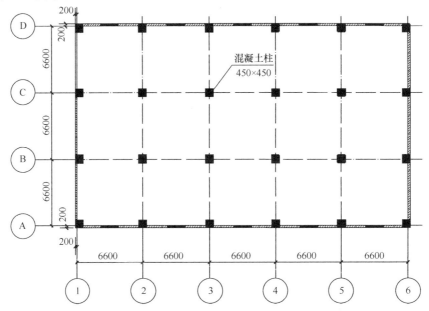

图 2-23　厂房柱网及墙体平面布置

其中三层楼面荷载、材料及构造等设计资料如下：

（1）楼面活荷载标准值 q_k = _____，厂房纵横柱距 $L_1 \times L_2$ = _____。

（2）楼面面层用 20mm 厚水泥砂浆抹面（$\gamma = 20\mathrm{kN/m^3}$），板底及梁用 15mm 厚石灰砂浆抹底（$\gamma = 17\mathrm{kN/m^3}$）。

（3）混凝土强度等级 C25、C30，当采用 400MPa 及以上的钢筋时，混凝土强度等级不应低于 C25。梁内受力主筋采用 HRB335 级钢筋，其余均采用 HPB300 级钢筋。

（4）板伸入墙内 120mm，次梁伸入墙内 240mm，主梁深入墙内 370mm；柱的截面尺寸为 400mm×400mm。

（5）厂房纵横柱距见任务分配表 2-17。

课程设计任务分配表　　　　　　　　　　　　　　　　　表 2-17

柱网	可变荷载标准值（kN/m²）						
$L_1 \times L_2$(mm×mm)	5.0	5.5	6.0	6.5	7.0	7.5	8.0
6000×6600	1	2	3	4	5	6	7
6600×6900	8	9	10	11	12	13	14

续表

柱网	可变荷载标准值（kN/m²）						
$L_1 \times L_2$ (mm×mm)	5.0	5.5	6.0	6.5	7.0	7.5	8.0
6600×6600	15	16	17	18	19	20	21
6600×6900	22	23	24	25	26	27	28
6600×7200	29	30	31	32	33	34	35
6600×7500	36	37	38	39	40	41	42
6900×7200	43	44	45	46	47	48	49
6900×7500	50	51	52	53	54	55	56

注：表中 1～56 代表题号。

3. 设计成果与要求

（1）板和次梁按考虑塑性内力重分布方法计算内力；主梁按弹性理论计算内力，并绘出弯矩包络图。

（2）绘制楼盖结构施工图

1）楼面结构平面布置图（标注墙、柱定位轴线编号和梁、柱定位尺寸及构件编号）（比例 1：100）。

2）板的配筋平面图（标注板厚、板中钢筋的直径、间距、编号及其定位尺寸）（比例 1：100）。

3）次梁的配筋图（标注次梁截面尺寸及几何尺寸、钢筋的直径、根数、编号及其定位尺寸）（比例 1：50，剖面图比例 1：25）。

4）主梁材料图及配筋图（按同一比例绘出主梁的弯矩包络图、抵抗弯矩图及配筋图，标注主梁截面尺寸及几何尺寸、钢筋的直径、根数、编号及其定位尺寸）（比例 1：50，剖面图比例 1：25）。

5）在图中标明有关设计说明，如混凝土强度等级、钢筋的种类、混凝土保护层厚度等。

（3）计算书

要求计算准确，步骤完整，内容清晰。

4. 设计依据及参考书

（1）《混凝土结构设计规范》GB 50010—2010（2015 年版）。

（2）《建筑结构荷载规范》GB 50009—2012。

（3）东南大学，同济大学，天津大学. 混凝土结构（中册）（第六版）. 中国建筑工业出版社，2017。

（4）混凝土结构施工图 16G101-1。

（5）建标库软件（可以浏览各种规范，可自行百度下载）。

2.6.2　双向板肋梁楼盖结构设计

1. 设计任务

某多层工业厂房，采用现浇钢筋混凝土结构，内外墙厚度均为 300mm，设计时只考虑竖向荷载作用，要求完成该钢筋混凝土整体现浇楼盖的设计。

2. 设计条件

（1）楼盖结构平面布置图如图 2-24 所示。

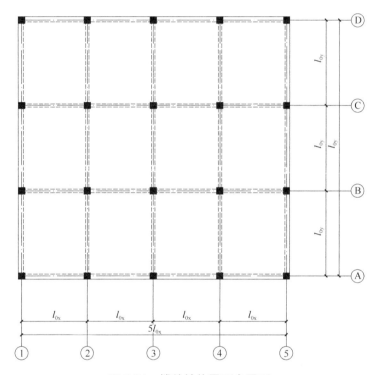

图 2-24　楼盖结构平面布置图

（2）楼面做法：20mm 厚水泥砂浆地面，钢筋混凝土现浇板，15mm 厚石灰砂浆抹底。

（3）柱网尺寸和楼面活荷载标准值见表 2-18，准永久值系数 $\psi_q = 0.5$。

（4）材料：

1）混凝土：钢筋混凝土结构的混凝土强度等级不应低于 C20，当采用 400MPa 及以上的钢筋时，混凝土强度等级不应低于 C25。

2）钢筋：梁内受力主筋采用 HRB335 级钢筋，其余均采用 HPB300 级钢筋。

柱网尺寸及楼面活荷载标准值   表 2-18

柱网	可变荷载标准值（kN/m²）						
$L_{0x} \times L_{0y}$ (mm × mm)	5.0	5.5	6.0	6.5	7.0	7.5	8.0
3300×3900	1	2	3	4	5	6	7
3600×4200	8	9	10	11	12	13	14
3900×4800	15	16	17	18	19	20	21
4200×5400	22	23	24	25	26	27	28
4500×6000	29	30	31	32	33	34	35
4800×6600	36	37	38	39	40	41	42
5100×6900	43	44	45	46	47	48	49

注：表中 1~49 代表题号。

3. 设计成果与要求

（1）结构布置

确定板厚，对板进行编号，绘制楼盖结构布置图。

（2）双向板设计

进行荷载计算，按弹性方法进行内力和配筋计算，绘制板的配筋图。

4. 设计依据与参考书

同单向板肋梁楼盖设计。

第3章 单层工业厂房设计

3.1 单层工业厂房结构设计基本知识

3.1.1 主要结构构件

单层厂房排架结构的主要结构构件如图 3-1 所示。

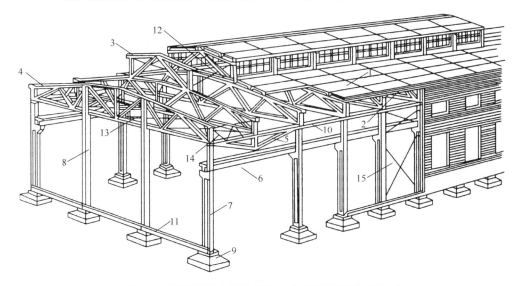

图 3-1 单层混凝土结构排架厂房主要结构构件组成

1—屋面板；2—天沟板；3—天窗架；4—屋架；5—托架；6—吊车梁；7—排架柱；
8—抗风柱；9—基础；10—连系梁；11—基础梁；12—天窗架垂直支撑；
13—屋架下弦横向水平支撑；14—屋架端部垂直支撑；15—柱间支撑

主要结构构件可分为以下几个部分：

1. 屋盖部分

（1）屋面板

常用的屋盖形式是无檩屋盖，无檩屋盖中，最常用的屋面板是预应力混凝土大型屋面板，如图 3-2 所示。

汶川地震中，东方汽轮机厂的钢筋混凝土屋面板破坏较重，甚至出现了垮塌现象。相比之下，轻屋盖体系的抗震性能好，故地震区推荐使用压型钢板夹心板等轻屋盖体系。

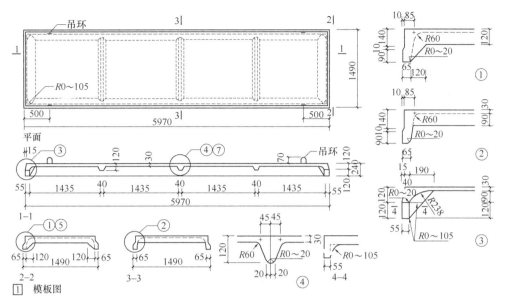

图 3-2 1.5m×6.0m 预应力混凝土大型屋面板

（2）屋架或屋面梁

一般情况下，跨度≤15m 采用屋面梁，跨度≥18m 采用屋架。

屋面梁从屋面形式上有单坡、双坡两种，从是否施加预应力上分为预应力混凝土屋面梁和钢筋混凝土屋面梁两种，跨度为 6m、9m、12m、15m 等，如图 3-3所示。

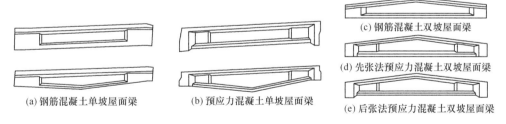

图 3-3 各种屋面梁形式

钢筋混凝土屋面梁由于施工方便，使用得较多。

屋架跨度为 18m、21m、24m、27m、30m 等，按材料可分为钢筋混凝土屋架和钢屋架，一般情况下可采用钢筋混凝土屋架，跨度≥30m 时宜采用钢屋架（汶川地震中，东方汽轮机厂的钢筋混凝土屋架出现了垮塌情况。相比之下，钢屋架抗震性能好，故地震区推荐使用钢屋架）。钢筋混凝土屋架分普通钢筋混凝土屋架和预应力钢筋混凝土屋架，一般情况下均采用预应力钢筋混凝土屋架。

屋架有多种形式，其中最常用的是预应力折线形屋架，其屋面坡度在天窗范围内是 1/10，其余两侧坡度是 1/5，屋架端部竖杆中心线（也是屋架竖向荷载作用点位置）距厂房轴线均为 150mm，如图 3-4 所示。

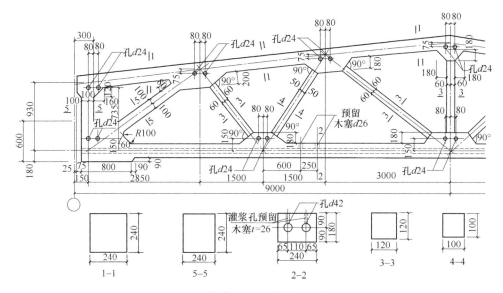

图 3-4　18m 跨度预应力折线形屋架模板图

其他跨度预应力折线形屋架如图 3-5 所示。

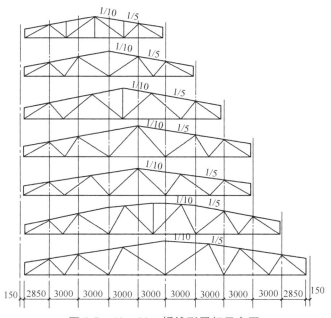

图 3-5　18～30m 折线形屋架示意图

（3）天窗架

常用的天窗架跨度为 6m 和 9m。在地震区，天窗架建议采用钢天窗架。图 3-6 所示为 6m 钢天窗架的示意图。

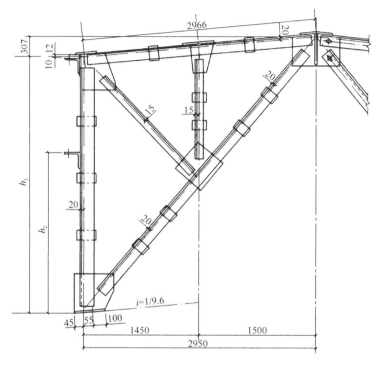

图 3-6 6m 钢天窗架

（4）屋盖支撑

屋盖支撑系统包括天窗支撑、屋盖上弦支撑、屋盖下弦支撑、屋盖垂直支撑及水平系杆部分。

屋盖上弦支撑、屋盖下弦支撑的形式如图 3-7 所示，垂直支撑的形式如图 3-8 所示。

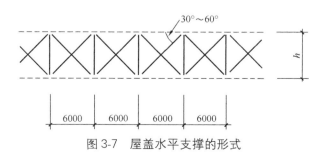

图 3-7 屋盖水平支撑的形式

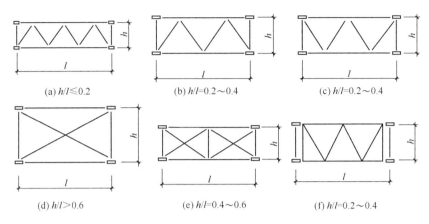

(a) $h/l \leqslant 0.2$ (b) $h/l = 0.2 \sim 0.4$ (c) $h/l = 0.2 \sim 0.4$

(d) $h/l > 0.6$ (e) $h/l = 0.4 \sim 0.6$ (f) $h/l = 0.2 \sim 0.4$

图 3-8　屋盖垂直支撑的形式

2. 梁柱部分

（1）吊车梁

多数吊车采用四轮桥式吊车或梁式吊车。

吊车的利用级别是吊车在使用期内要求的总工作循环次数，载荷状态是指吊车荷载达到其额定值的频繁程度。根据利用级别和载荷状态，吊车共分 8 个工作级别：A1～A8。

满载机会少、运行速度低以及不需要紧张而繁重工作的场所，如水电站、机械检修站等的吊车工作级别属于 A1～A3；机械加工和装配车间属于 A4、A5；冶炼车间和直接参加连续生产的吊车工作级别为 A6、A7、A8。吊车还可以根据利用级别和载荷状态分成轻级工作制、中级工作制、重级工作制、超重级工作制四种，一般中级工作制对应的工作级别为 A4、A5。

吊车梁有钢筋混凝土吊车梁、预应力混凝土吊车梁和钢吊车梁三种，吊车吨位较小时，可选用钢筋混凝土吊车梁，吨位较大时，选用预应力混凝土吊车梁或钢吊车梁。

图 3-9 所示为钢筋混凝土等截面吊车梁的模板图。

图 3-10 所示为吊车梁、柱和吊车轨道的关系。

（2）排架柱

排架柱多数采用钢筋混凝土柱，当厂房较高、吊车吨位较大时，也可采用钢柱或钢管混凝土柱。

混凝土排架柱的形式如图 3-11 所示，最常用的是矩形柱和工字形柱，一般柱长边尺寸≥600mm 时采用工字形柱，柱长边尺寸为 400mm、500mm 时采用矩形柱。

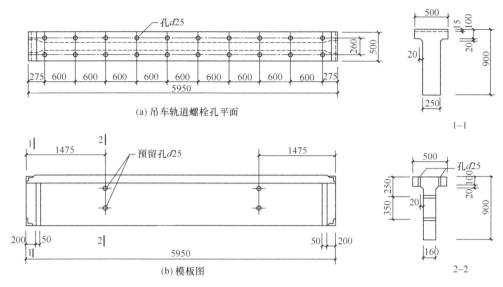

(a) 吊车轨道螺栓孔平面

(b) 模板图

图 3-9 钢筋混凝土等截面吊车梁的模板图

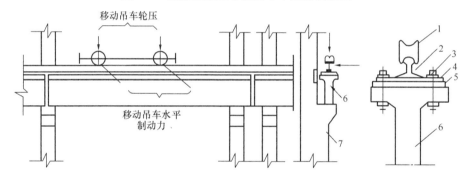

图 3-10 吊车梁、柱和吊车轨道的关系

1—吊车轮；2—轨道；3—螺栓；4—钢垫板；5—混凝土垫层；6—吊车梁；7—柱

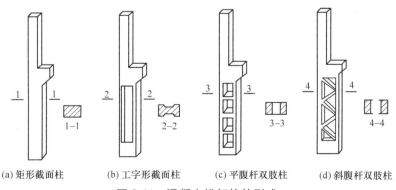

(a) 矩形截面柱　　(b) 工字形截面柱　　(c) 平腹杆双肢柱　　(d) 斜腹杆双肢柱

图 3-11 混凝土排架柱的形式

（3）柱间支撑

柱间支撑如图 3-12 所示，一般均采用型钢制成，上柱一般一片，下柱两片。

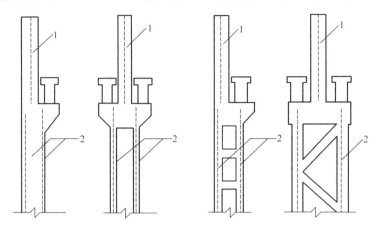

图 3-12　柱间支撑

1—上柱支撑；2—下柱支撑

柱间支撑与柱的连接如图 3-13 所示。

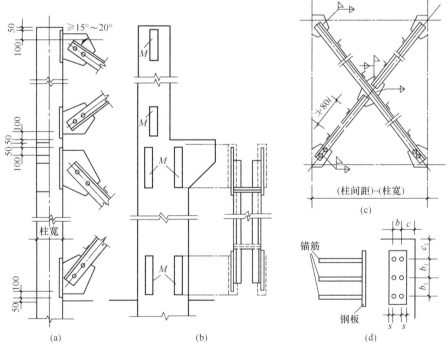

图 3-13　柱间支撑与柱的连接

3. 基础部分

（1）基础

单层厂房的基础一般是杯口基础（实际是独立基础的一种特殊形式），如果采用桩基，则桩基承台也应做成杯口形式。

杯口基础的形式如图 3-14 所示，构造尺寸要求见表 3-1。

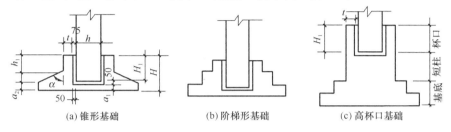

(a) 锥形基础　　　　　(b) 阶梯形基础　　　　　(c) 高杯口基础

图 3-14　杯口基础的形式

杯口基础外形尺寸的要求　　　　　　　　　　表 3-1

截面柱尺寸（mm）	H_1（mm）	a_1（mm）	t（mm）
$h < 500$	$(1.0 \sim 1.2) \, h$	$\geqslant 150$	$150 \sim 200$
$500 \leqslant h < 800$	h	$\geqslant 200$	$\geqslant 200$
$800 \leqslant h < 1000$	$0.9h$ 且$\geqslant 800$	$\geqslant 200$	$\geqslant 300$
$1000 \leqslant h < 1500$	$0.8h$ 且	$\geqslant 250$	$\geqslant 350$
$1500 \leqslant h < 2000$	$\geqslant 1000$	$\geqslant 300$	$\geqslant 400$
双肢柱	$(1/3 \sim 2/3) \, h_A$ $(1.5 \sim 1.8) \, h_B$	$\geqslant 300$（可适当加大）	$\geqslant 400$

注：h 为柱截面边长尺寸；h_A 为双肢柱整个截面长边尺寸；h_B 为双肢柱整个截面短边尺寸。

（2）基础梁

基础梁实际是砌体结构中的自承重墙梁，其制作和构造做法如图 3-15 所示。

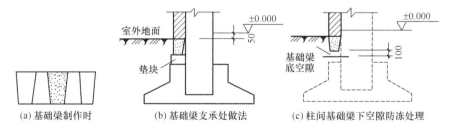

(a) 基础梁制作时　　　(b) 基础梁支承处做法　　　(c) 柱间基础梁下空隙防冻处理

图 3-15　基础梁制作和构造做法

现行的标准已经将截面改为等宽。

3.1.2　结构的传力途径

厂房的传力途径如图 3-16 所示。

竖向荷载、水平荷载的传力途径如图 3-17 所示。

(a) 横向　　　　(b) 纵向

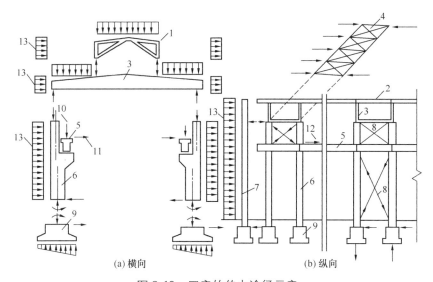

图 3-16　厂房的传力途径示意

1—天窗架；2—屋面板；3—屋面梁（屋架）；4—屋盖水平支撑；
5—吊车梁；6—柱；7—抗风柱；8—柱间支撑；9—基础；10—吊车竖向荷载；
11—吊车横向水平荷载；12—吊车纵向水平荷载；13—风荷载

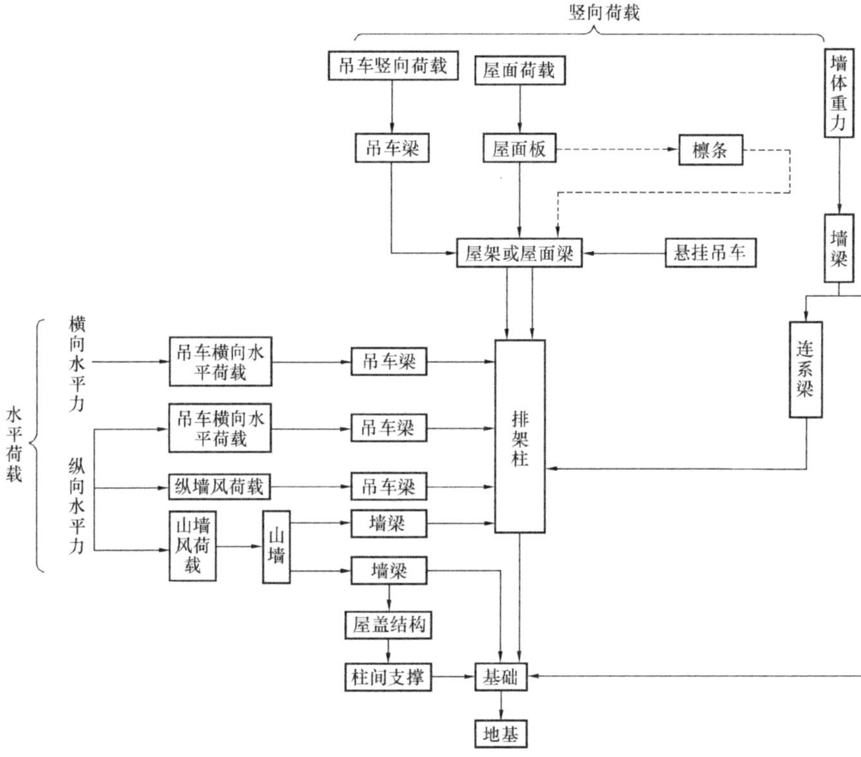

图 3-17　荷载的传力路线

3.2 单层工业厂房设计计算方法

单层厂房排架结构主要应用的规范是《建筑结构荷载规范》GB 50009—2012、《混凝土结构设计规范》GB 50010—2010（2015 年版）、《建筑抗震设计规范》GB 50011—2010（2016 年版），地基基础设计时尚需遵照《建筑地基基础设计规范》GB 50007—2011。此外，地基基础设计中经常采用的还有以下规范：《建筑桩基技术规范》JGJ 94—2008、《建筑地基处理技术规范》JGJ 79—2012 及湿陷性黄土地区采用的《湿陷性黄土地区建筑规范》GB 50025—2018、膨胀土地区采用的《膨胀土地区建筑技术规范》GB 50112—2013 和多年冻土地区采用的《冻土地区建筑地基基础设计规范》JGJ 118—2011。

由于规范会时常修订，设计时必须注意采用最新的标准规范。

3.2.1 选定结构构件

单层厂房排架结构的特点就是体系模数化、设计标准化、构件预制化、施工装配化。因此尽管结构构件繁多，但大多数均有标准图（国家建筑标准设计图集）可供选用。在设计中，构件直接选用标准图，不但设计周期短、效率高，而且有利于保证设计质量，保证设计的安全性和经济性。标准图是设计单层厂房排架结构时不可缺少的最重要的技术资料，当部分构件不符合标准图要求的，可以对构件尺寸、配筋等经过验算后做适当调整。

选用标准图的构件，应符合标准图对构件的环境要求和配套要求，必须严格按标准图的要求选用。由于标准图会修订，设计时必须注意采用最新的标准图。

单层厂房排架结构常用的标准图见表 3-2。

单层厂房排架结构常用标准图集　　　　　　　　　　　　表 3-2

序号	构件	图号	图集简介
1	1.5m×6.0m 预应力混凝土屋面板（预应力混凝土部分）	04G410-1	1.5m×6.0m 预应力混凝土屋面板及其配套的嵌板、檐口板、开洞板的施工。分册一包括预应力混凝土屋面板及其檐口板；预应力混凝土屋面采光、通风开洞板；预应力混凝土嵌板及其檐口板。图集内各种相互配合使用，适用于卷材屋面
2	1.5m×6.0m 预应力混凝土屋面板（钢筋混凝土部分）	04G410-2	1.5m×6.0m 预应力混凝土屋面板及其配套的嵌板、檐口板、开洞板的施工。分册二包括钢筋混凝土屋面板及嵌板、钢筋混凝土天沟板、檐口板。图集内各种板相互配合使用，适用于卷材屋面
3	预应力混凝土折线屋架（预应力筋为钢绞线、跨度 18~30m）	04G415-1	跨度 18m、21m、24m、27m 和 30m（钢绞线）的预应力混凝土折线形屋架

续表

序号	构件	图号	图集简介
4	钢筋混凝土屋面梁（6m 单坡）	04G353-1	6m 单坡钢筋混凝土屋面梁施工图
5	钢筋混凝土屋面梁（9m 单坡）	04G353-2	9m 单坡钢筋混凝土屋面梁施工图
6	钢筋混凝土屋面梁（12m 单坡）	04G353-3	12m 单坡钢筋混凝土屋面梁施工图
7	钢筋混凝土屋面梁（9m 双坡）	04G353-4	9m 双坡钢筋混凝土屋面梁施工图
8	钢筋混凝土屋面梁（12m 双坡）	04G353-5	12m 双坡钢筋混凝土屋面梁施工图
9	钢筋混凝土屋面梁（15m 双坡）	04G353-6	15m 双坡钢筋混凝土屋面梁施工图
10	单层工业厂房钢筋混凝土柱	05G335	单层工业厂房钢筋混凝土柱模板及配筋形式构造的施工图，包括边柱和中柱
11	柱间支撑	05G336	十字交叉型柱间支撑的施工图，适用于柱距为 6m、5.4m（端开间或伸缩缝处），柱顶高度分别为 5.4～13.2m 的钢筋混凝土单层工业厂房，柱距按 400mm 计
12	钢筋混凝土吊车梁（工作级别 A4、A5）	04G323-2	跨度 6m，A4、A5（中级工作制），吊车 2 台，1～32t，跨度≤33m，抗震设防烈度≤9 度
13	吊车轨道联结及车挡（适用于混凝土结构）	04G325	配合各种钢筋混凝土或预应力混凝土吊车梁使用
14	钢筋混凝土连系梁	04G321	适用于柱距 6m，砖墙位于柱外侧的单层工业厂房及条件相同的其他房屋建筑
15	钢筋混凝土过梁	03G322-1	适用于烧结普通砖（烧结黏土砖、烧结页岩砖、烧结煤矸石砖、烧结粉煤灰砖）、蒸压灰砂砖、蒸压粉煤灰砖砌体的门窗洞口过梁
16	钢筋混凝土过梁（烧结多孔砖砌体）	03G322-2	P 型烧结多孔砖及 M 型模数多孔砖砌体门窗洞口过梁
17	钢筋混凝土基础梁	04G320	适用于纵墙柱距 6m，山墙柱距 6m、4.5m 的单层工业厂房及条件相同的其他房屋建筑
18	钢筋混凝土雨篷	03G372	钢筋混凝土雨篷施工图
19	梯形钢屋架	05G511	跨度 18m、21m、24m、27m、30m、33m、36m 的梯形钢屋架，内容包括屋架平面布置、安装节点及支撑布置图等
20	钢天窗架	05G512	跨度 6m、9m、12m 的钢天窗架

如果在地震区，设计时尚可参考《建筑物抗震构造详图（钢筋混凝土柱单层工业厂房）》04G329-8。

2008 年，出版了《单层工业厂房设计选用（上、下册）》，图集号为08G118，该图集汇集并缩编了 6m 柱距钢筋混凝土柱单层工业厂房配套构件，可供设计参考使用。

1. 屋面板

屋面板一般按标准图《1.5m×6.0m 预应力混凝土屋面板（预应力混凝土部分）》04G410-1 和《1.5m×6.0m 预应力混凝土屋面板（钢筋混凝土部分）》04G410-2 选用。该图是 1.5m×6.0m 预应力混凝土屋面板及其配套的嵌板、檐口板、开洞板的施工图。04G410-1 包括：预应力混凝土屋面板及其檐口板；预应力混凝土屋面采光、通风开洞板；预应力混凝土嵌板及其檐口板。04G410-2 包括：钢筋混凝土屋面板、嵌板、钢筋混凝土天沟板、檐口板。适用于卷材屋面，是最常用的屋面板形式。

一般情况下，屋面板选用预应力混凝土屋面板，按 04G410-1 图集选用。板的编号为：Y-WB-2 II（端部或伸缩缝处编号后加 s），其中 Y-WB 表示预应力混凝土屋面板，2 为荷载等级，共 1~4 个等级，II 表示预应力筋为冷拉 HRB335 级钢筋，如为 III 则表示预应力筋为冷拉 HRB400 级钢筋。板自重标准值均为 $1.4kN/m^2$，灌缝重标准值为 $0.1kN/m^2$，灌缝后尺寸为 1.5m×6.0m，实际尺寸为 1.49m×5.97m，板高 240mm。

檐口板用于屋面为无组织自由落水时最外侧的板，一般选用预应力混凝土檐口板，按 04G410-1 图集选用。板号为 Y-KWBT-1 II（端部或伸缩缝处编号后加 sa 或 sb，a 表示用于厂房的一边，b 表示用于厂房的另一边。由于在端部或伸缩缝处有悬挑，故两边不是同一块板，在编号后面加 a、b 区别），其中 Y-KWBT 表示预应力混凝土檐口板，1 为荷载等级，共 1、2 两个等级，II 表示预应力筋为冷拉 HRB335 级钢筋，如为 III 则表示预应力筋为冷拉 HRB400 级钢筋。板自重标准值均为 $1.6kN/m^2$，灌缝重标准值为 $0.06kN/m^2$，灌缝后尺寸为：板宽（1.5+0.4）m，板长 6m。

嵌板用于屋面为内天沟排水时靠近天沟板的板，由于屋架按 1.5m 排版，故为内天沟时天沟板内侧需做嵌板。故选用预应力混凝土嵌板，按 04G410-1 图集选用。板的编号为：Y-KWB-1- II（端部或伸缩缝处编号后加 s），其中 Y-KWB 表示预应力混凝土嵌板，1 为荷载等级，共 1、2、3 三个等级，II 表示预应力筋为冷拉 HRB335 级钢筋，如为 III 则表示预应力筋为冷拉 HRB400 级钢筋。板自重标准值均为 $1.7kN/m^2$，灌缝重标准值为 $0.1kN/m^2$，灌缝后尺寸为：板宽0.9m，板长 6m。

天沟板用于内外天沟排水时，选用钢筋混凝土天沟板，按 04G410-2 图集选用。板的编号为 TGB58（端部或伸缩缝处编号后加 s），其中，TGB 表示钢筋混凝土天沟板，58 表示灌缝后板宽为 0.58m，灌缝后板宽共有 0.58m、0.62m、0.68m、0.77m、0.86m 五种，板标准长度为 6.0m。编号后加 a 或 b 表示为开洞天沟板（用于雨水排水管留洞，在雨水管部位必须选用该板），a 表示用于厂房的一边，b 表示用于厂房的另一边（由于在端部或伸缩缝处有悬挑，故两边不是同一块板，在编号后面加 a、b 区别）。厂房端部或伸缩缝处，一般均设雨水管，还需要悬挑，且在最端头有端壁，故板编号后加 s_a 或 s_b，s 表示端部或伸缩缝处，a、b 含义同上。

选用屋面板时，荷载均为外加荷载，不再计入板自重和灌缝重，具体选用见图表要求。

2. 屋架、屋面梁

混凝土屋架一般选用预应力屋架，按《预应力混凝土折线形屋架（预应力筋为钢绞线、跨度 18～30m）》（04G415-1～5）选用，该屋架是跨度 18m、21m、24m、27m 和 30m（钢绞线）的预应力混凝土折线形屋架，是最常用的屋架形式之一。

该屋架的编号为：YWJ18-1-Xx8，YWJ 表示预应力混凝土屋架，18 表示跨度，该屋架的跨度有 18m、21m、24m、27m、30m，1 表示承载能力等级，共分为 1～6 六个等级，X 为檐口形状代号，见表 3-3，x 为天窗类别代号，如对于18m 跨屋架，无天窗为 a，钢天窗架为 b，钢天窗架带轻质端壁板为 c，钢天窗架带挡风板为 d，钢天窗架带轻质端壁板及挡风板为 e，8 为抗震设防烈度，非抗震设计不注，抗震设防烈度共 6～9 度。

檐口形状代号表　　　　　　　　　　　　　　　表 3-3

代号	跨度情况	檐口示意图	备注
A	单跨或多跨时的内跨		两端内天沟
B	单跨时		两端外天沟
C	单跨时		两端自由落水
D	多跨时的边跨		一端外天沟 一端内天沟
E	多跨时的边跨		一端自由落水 一端内天沟

该屋架配置的天窗架跨度为 6m、9m 两种，其中 18m、21m 屋架配置 6m 天窗，24m、27m、30m 屋架配置 9m 天窗。

屋架选型确定后，屋架几何尺寸就是唯一的了，此时天沟板的宽度才可以确定。屋架与天沟板型号的关系具体见表 3-4。

屋架与天沟板型号的关系　　　　　　　　　　　表 3-4

屋架跨度（m）	内天沟板型号	外天沟板型号
18	TGB-58	TGB-77
21	TGB-62	TGB-77
24	TGB-62	TGB-77
27	TGB-68	TGB-86
30	TGB-68	TGB-86

屋面梁建议按《钢筋混凝土屋面梁》（04G353-1～6）选用，该标准图包括了 6m、9m、12m 单坡屋面梁和 9m、12m、15m 双坡屋面梁，具体选用方法见图集。

如屋架采用钢屋架，建议按《梯形钢屋架》（05G511）选用，该标准图包括了 18m、21m、24m、27m、30m、33m、36m 的钢屋架，具体选用方法见图集。

屋架、屋面梁与柱顶连接节点也按上述图集选定，8 度时宜采用螺栓，9 度时宜采用钢板，也可采用螺栓。

3. 天窗架

天窗架建议按《钢天窗架》（05G512）选用，该图包括了跨度 6m、9m、12m 的钢天窗架，常用的天窗架跨度为 6m 和 9m。6m 跨度天窗架有 1×1.2m、1×1.5m、2×0.9m、2×1.2m 四种窗扇高度，和 15m、18m、21m 跨度屋架配套；12m 跨度天窗架有 2×0.9m、2×1.2m、2×1.5m 三种窗扇高度，和 24m、27m、30m 跨度屋架配套。

天窗架编号为 GCJLX-XX，GCJ 表示钢天窗架，L 为钢天窗架跨度，L 后面的 X 表示有无天窗架，有支撑孔的钢天窗架为 A，端部钢天窗架为 B，"-"后的第一个 X 取值为 1～4，按窗扇高度分类，由小到大，最后一个 X 取值为 1、2 或 3，按风荷载标准值分类，1 类风荷载标准值为 $0.42kN/m^2$，2 类风荷载标准值为 $0.56kN/m^2$，3 类风荷载标准值为 $0.72kN/m^2$。

该图集还包括了天窗支撑的布置和构造，设计时应按该图选用。

4. 屋盖支撑

屋盖支撑按屋架或屋面梁标准图集直接选用，代号为：SC—上弦支撑；XC—下弦支撑；CC—垂直支撑；GX—钢系杆。

5. 吊车梁、吊车轨道联结

一般吊车梁可选用《钢筋混凝土吊车梁（工作级别 A4、A5）》（G323-2）（2004 年合订本，G323-1 的吊车梁工作级别是 A6，重级工作制），该图的适用范围是跨度 6m，工作级别 A4、A5（中级工作制），吊车 2 台，额定起重量 1～32t，厂房跨度≤33m，抗震设防烈度≤9 度。

编号为：DL-5Z 或 S 或 B，DL 表示中级工作制吊车梁，5 为承载力等级，共 1～12 个等级，Z 表示中跨，S 表示伸缩缝跨，B 表示边跨。梁高分为 600m、900m、1200mm 三种。从该图中还可以选定吊车梁与排架柱连接节点。

吊车轨道联结可按《吊车轨道联结及车挡（适用于混凝土结构）》（04G325）选用，该图配合各种钢筋混凝土或预应力混凝土吊车梁使用，从中可以选定轨道联结型号及钢轨型号，选用时应先按照选定的吊车梁型号，查出该吊车梁翼缘上的螺栓孔间距（该螺栓孔共两排，此处间距应为排距），然后结合吊车起重量和跨度选定轨道联结型号。

轨道联结型号分为 DGL-1～26，确定轨道联结型号，即可以知道轨道面至吊车梁顶面的距离。

车挡是设置在吊车运行范围端部的构件，目的是防止吊车超出其运行范围。编号为 CD-A 或 B 及 CD-1～10，前两种仅用于＜5t 的电动单梁吊车及 5～20t 的手动桥式吊车，后 10 种用于其他吊车，按吊车起重量选定。

6. 排架柱

排架柱一般很难直接选用，但在确定截面尺寸时，可参考《单层工业厂房钢筋混凝土柱》（05G335），该图是单层工业厂房钢筋混凝土柱的施工图，包括边柱和中柱，也可参考表 3-5 选用。

7. 柱间支撑

柱间支撑按《柱间支撑》（05G336）选用，该标准图是十字交叉型柱间支撑的施工图，适用于柱距为 6m、5.4m（端开间或伸缩缝处），柱顶高度分别为 5.4～13.2m 的钢筋混凝土单层工业厂房，柱宽按 400mm 计。

上柱支撑的编号如：ZC739-1s，ZC 表示柱间支撑，7 表示抗震设防烈度，共 6～9 四个抗震设防烈度，非抗震为 0，39 表示上柱高度，上柱高度共 2.1m、2.4m、3.3m、3.6m、3.9m、4.2m 六个高度，1 为支撑号，s 表示端跨或伸缩缝跨。

下柱支撑的编号如：ZC766-12b，ZC 表示柱间支撑，7 表示抗震设防烈度，共 6～9 四个抗震设防烈度，非抗震为 0，66 表示下柱高度，牛腿面标高共 4.2m、4.8m、5.4m、6.0m、6.3m、6.6m、6.9m、7.2m、7.5m、8.1m、8.7m、9.0m、9.3m 十三个高度，12 为支撑号，b 为双片支撑宽度代号。

表 3-5

6m 柱距排架柱截面尺寸选用表

吊车起重量(t)	轨顶标高(m)	柱截面简图	边柱 上柱 无吊车走道	边柱 上柱 有吊车走道	边柱 下柱 实腹柱及平腹杆双肢柱	边柱 下柱 斜腹杆双肢柱	中柱 上柱 无吊车走道	中柱 上柱 有吊车走道	中柱 下柱 实腹柱及平腹杆双肢柱	中柱 下柱 斜腹杆双肢柱
5	6～8.4	矩形	矩 400×400		$(b×h)$ 矩 400×600		矩 400×400		$(b×h)$ 矩 400×600	
10	8.4	矩形	矩 400×400	矩 400×400	$(b×h×h_1×b_1)$ 1400×800×150×100		矩 400×600	矩 400×800	$(b×h×h_1×b_1)$ 1400×800×150×100	
10	10.2	矩形	矩 400×400	矩 400×400	1400×800×150×100		矩 400×600	矩 400×800	1400×800×150×100	
10	12	矩形	矩 500×400	矩 500×400	1500×1000×150×120		矩 500×600	矩 500×800	1500×1000×150×120	
15～20	8.4	工字形	矩 400×400	矩 400×400	1400×800×150×100		矩 400×600	矩 400×800	1400×800×150×100	
15～20	10.2	工字形	矩 500×400	矩 500×500	1400×1000×150×120		矩 400×600	矩 500×800	1400×1000×150×120	
15～20	12	工字形	矩 500×500	矩 500×800	1500×1000×150×120		矩 500×600	矩 500×800	1500×1000×150×120	
30	10.2	双肢	矩 500×500	矩 500×800	1500×1200×150×120		矩 500×600	矩 500×800	1500×1200×150×130	
30	12	双肢	矩 500×500	矩 500×800	1500×1200×200×120		矩 500×600	矩 500×800	1500×1200×200×120	
30	14.4	双肢	矩 600×600	矩 600×800	1600×1400×200×120		矩 600×600	矩 600×800	1600×1400×200×120	

续表

吊车起重量 (t)	轨顶标高 (m)	柱截面简图	边柱 上柱 无吊车走道	边柱 上柱 有吊车走道	边柱 下柱 实腹柱及平腹杆双肢柱	边柱 下柱 斜腹杆双肢柱	中柱 上柱 无吊车走道	中柱 上柱 有吊车走道	中柱 下柱 实腹柱及平腹杆双肢柱	中柱 下柱 斜腹杆双肢柱
50	10.2	矩形	矩500×600	矩500×800	I500×1200×200×120		矩500×600	矩500×800	双500×1600×300	双500×1600×300
50	12		矩500×600	矩500×800	I500×1200×200×120			矩500×800	双500×1600×300	双500×1600×300
50	14.4		矩600×600	矩600×800	I600×1400×200×120		矩600×600	矩600×800	双600×1600×300	双600×1600×300
75	12	工字形	矩600×700	矩600×900	($b \times h \times h_z$) 双400×1600×300	双600×1600×300	矩600×700	矩600×900	($b \times h \times h_z$) 双600×1800×300	双600×1800×300
75	14.4		矩600×700	矩600×900	双600×1800×300	双600×1600×300	矩600×700	矩600×900	双600×2000×300	双600×2000×300
75	16.2		矩700×700	矩700×900	双700×1800×300	双700×1800×300	矩700×700	矩700×900	双700×2000×350	双700×2000×300
100	12	双肢	矩600×700	矩600×900	双600×1800×300	双600×1800×300	矩600×700	矩600×900	双600×2000×300	双600×2000×300
100	14.4		矩600×700	矩600×900	双600×2000×300	双600×1800×300	矩600×700	矩600×900	双600×2000×350	双600×2000×300
100	16.2		矩700×700	矩700×900	双700×2000×350	双700×1800×350	矩700×700	矩700×900	双700×2200×350	双700×2000×350
125	14.4		矩600×700	矩600×900	双600×2000×350	双600×1800×350	矩600×700	矩600×900	双600×2000×350	双600×2000×350
125	16.2		矩700×700	矩700×900	双700×2200×350	双700×2000×350	矩700×700	矩700×900	双700×2200×350	双700×2000×350
125	18		矩700×700	矩700×900		双700×2000×350	矩700×700	矩700×900	双700×2250×350	双700×2000×350

8. 基础梁

基础梁可按《钢筋混凝土基础梁》（04G320）选用。该基础梁是按砌体结构中自承墙梁中的托梁进行设计的，故选用时必须符合墙梁的要求。

对砖墙墙体的有关要求见表 3-6。

对砖墙墙体的有关要求 表 3-6

砖墙厚度 h（mm）	砖墙高度 H（mm）	砖强度等级	砂浆强度等级
240、370	$l_0 \leqslant H \leqslant 18.0$	≥MU10	≥M5

注：l_0 为基础梁的计算跨度。

当墙有窗开洞时，只允许在基础梁跨正中相同位置开设一列窗洞，墙窗洞尺寸要求见表 3-7。

墙窗洞尺寸要求 表 3-7

砖墙高度 H（m）	窗洞宽度 b_h（mm）	窗洞叠加高度（mm）	窗上口至墙顶距离（mm）		多层窗两窗之间的距离（mm）
			多层窗	单层窗	
≤18.0		≥10800			
≤15.0	$3000 \leqslant b_h \leqslant 4200$	≥8600	≥600	—	≥1200
≤12.0		≥6000			
≤9.0	$3000 \leqslant b_h \leqslant 4200$	≥4800	≥600	≥1200	

注：1. 上表适用于 6m 柱距，对于 4.5m 柱距的山墙，其窗洞宽度为 $1800 \leqslant b_h \leqslant 2400$，其他尺寸同上表。

2. 窗洞叠加高度系指多层窗各个窗高的总和，每个窗的最大高度不得超过 4800mm。

3. 在窗上口设置钢筋混凝土连系梁时，窗上口至墙顶的距离可不受上表的限制。

当墙有门洞时，墙门洞尺寸要求见表 3-8。

墙门洞尺寸要求 表 3-8

位置	开门范围（mm）	门宽 b_h（mm）	门高 h_h（mm）	门上口至墙顶距离（mm）
外墙	基础梁正中 3000	$1000 \leqslant b_h \leqslant 3000$		
内墙（一）	基础梁正中 3000	$1000 \leqslant b_h \leqslant 3000$	$2400 \leqslant h_h \leqslant 3600$	≥1200
内墙（二）	距柱边≥700	$1000 \leqslant b_h \leqslant 3000$		

注：1. 当 $l_0/3 \leqslant H \leqslant l_0$ 时可参照使用。

2. 内墙（二）当门洞距柱边<700mm 时，选用人应按受弯构件进行复核。

3.2.2 确定平面、剖面关键尺寸

房屋设计涉及的专业众多，但所有专业都围绕着一个核心，即建筑专业。结

构专业和建筑专业以及其他专业都不能分开，结构应当按照建筑专业的要求去做。因此，结构专业必须对建筑专业的设计有所了解，这样一方面可以在设计中尽可能主动地满足其他专业，尤其是建筑专业的要求，在有矛盾时，可以有的放矢地去协调、解决；另一方面，也避免建筑专业出现重大失误后导致其他专业重大返工。

对于单层厂房的设计来说，建筑专业的设计一般也由结构专业来完成，因此，厂房平面、剖面关键尺寸的确定，是结构设计人员所必须熟练掌握的。

1. 厂房平面关键尺寸的确定

厂房平面关键尺寸指厂房纵向定位轴线的间距（即跨度）、横向定位轴线的间距（一般指柱距）和厂房总长，如图 3-18 所示。

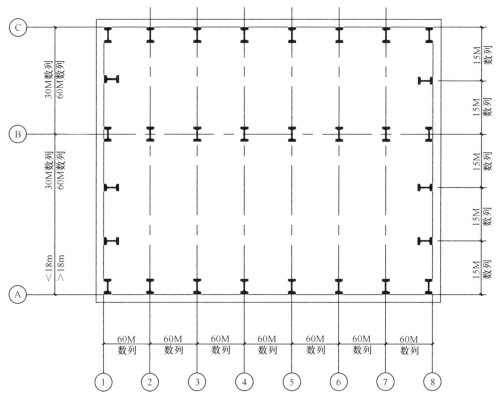

图 3-18　跨度和柱距示意图

（1）纵向定位轴线

根据《厂房建筑模数协调标准》GB/T 50006—2010（以下关键尺寸定位均依据该标准，不再重复列出），厂房的跨度在 18m 和 18m 以下时，应采用扩大模数 30M 数列；在 18m 以上时，应采用扩大模数 60M 数列，但当跨度在 18m 以上工艺布置有明显优越性时，可采用扩大模数 30M 系列，故厂房跨度一般为 6m、9m、12m、15m、21m、24m、27m、30m 等。

厂房山墙处抗风柱柱距宜采用扩大模数 15M 数列，但在实际设计时，该尺寸受山墙上门洞尺寸和位置的限制，有可能不符合上述要求。但不论什么情况，均应注意抗风柱位置应尽可能与屋架上弦节点相对齐，以便于山墙上风荷载向屋面的传递。

边柱与纵向定位轴线的联系，如图 3-19 所示。$L = L_k + 2e$，$e = h_0 + C_b + B$，e 为吊车轨道中心线至纵向定位轴线的距离，一般为 750mm；L_k 为吊车跨度，即吊车轨道中心线间的距离，可由吊车厂家的产品样本查得，大多数情况下：$L_k = L - 1.5$；C_b 为侧方间隙，当吊车起重量≤50t 时，$C_b \geqslant 80mm$，当吊车起重量＞50t 时，$C_b \geqslant 100mm$；B 为桥架端头长度，其值随吊车起重量大小而异，从吊车样本上查得；h_0 为轴线至上柱内缘的距离。

边柱与纵向定位轴线的关系分两种情况：①对于无吊车或吊车起重量较小的厂房，边柱外边缘、纵墙内缘、纵向定位轴线三者相重合，称为封闭结合，如图 3-20 所示。②对于吊车起重量较大的厂房，由于吊车外轮廓尺寸和柱截面尺寸都有所增大，为了保证柱内边缘与吊车外轮廓之间留有必要的安全间隙 C_b，因此边柱外缘和纵向定位轴线间必须加设联系尺寸，称为非封闭结合，如图 3-21 所示，联系尺寸一般采用 50mm 或其整数倍数。

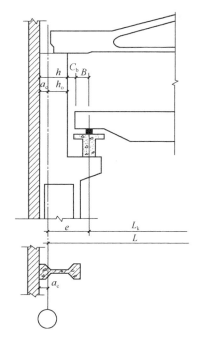

图 3-19 吊车与边柱的关系示意图

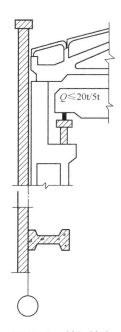

图 3-20 封闭结合

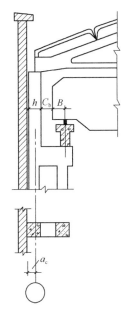

图 3-21 非封闭结合

不等高多跨厂房的中柱，纵向定位轴线的确定比较复杂，可按照《厂房建筑模数协调标准》GB/T 50006—2010 执行。

纵向定位轴线的确定必须准确无误，如果将非封闭轴线确定为封闭轴线，有可能使吊车难以安装或运行。同时，由于排架计算时，轴线尺寸为排架柱的跨度，如果该轴线确定有误，将使排架计算时偏心距的具体数值出现错误。

（2）横向定位轴线

横向定位轴线即柱距，大部分厂房的柱距为 6.0m，如由于出入口及其他建筑功能需要，也可采用 12.0m 的柱距，此时柱顶需要采用托架承托屋架或屋面梁。

除伸缩缝及防震缝处的柱和端部的柱以外，柱的中心线与横向定位轴线相重合。横向伸缩缝、防震缝处柱应采用双柱及两条横向定位轴线，柱的中心线均应自定位轴线向两侧各移 600mm。两条轴线间所需缝的宽度应符合现行有关国家标准的规定（不兼防震缝的伸缩缝缝宽一般为 30mm，防震缝缝宽为 50～90mm）。单层厂房的山墙一般为非承重墙，墙内缘应与横向定位轴线相重合，且端部柱的中心线应自横向定位轴线向内移 600mm（图 3-22）。

（3）厂房总长度

当厂房长度＞100m（有屋盖厂房），或＞70m（露天跨）时，应设伸缩缝。在地震区，伸缩缝的宽度应符合防震缝宽度的要求。

2. 厂房剖面关键尺寸的确定

厂房剖面关键尺寸包括轨顶标高和柱顶标高，该高度的确定，首先要满足厂房的生产要求，其次也应满足模数的规定。

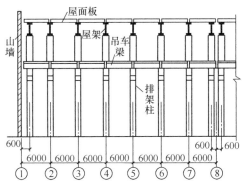

图 3-22 厂房的横向定位轴线

无吊车厂房的柱顶标高和有吊车厂房的轨顶标高，取决于采光、通风要求、检修最大生产设备所需要的净空高度、起重运输设备起吊加工零件和成品及操作所需净空尺寸等因素，一般由工艺专业来确定。有吊车厂房的柱顶标高，由吊车轨顶标高、吊车轨顶至小车顶面的尺寸和屋盖承重结构底部与吊车小车顶面之间预留吊车安全行使所必要的空隙（即安全间隙，也称之为轨上间隙）来确定。故厂房柱顶标高（即屋盖承重结构底部标高）H 可用下式确定（图 3-23）：

$$H = H_1 + h_6 + h_7 \quad (3-1)$$

式中：H_1——吊车轨顶标高，由工艺专业提供；

h_6——吊车轨顶至吊车外轮廓最高点的距离，由吊车规格表查得，也可参考有关厂家产品说明；

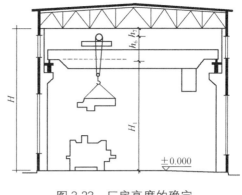

图 3-23 厂房高度的确定

h_7——吊车外轮廓最高的至屋架或屋面梁支撑面的距离，按吊车起重量不同，分别取不小于 300mm、400mm、500mm。

根据模数的要求，厂房的柱顶标高和支承吊车梁的牛腿面标高应符合图 3-24 的要求。

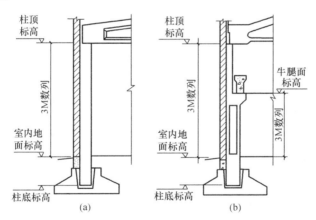

图 3-24 柱顶标高和牛腿面标高

当牛腿面标高在 7.2m 以上时，宜采用 7.8m、8.4m、9.0m 和 9.6m 等数值，预制钢筋混凝土柱自室内地面至柱底的高度宜为模数化尺寸。

为满足上述模数要求，允许吊车轨顶实际高度（即设计的实际高度，为吊车乘顶面高度加轨道及轨道联结高度，轨道及轨道联结高度约为 200mm，由于吊车梁高度符合模数要求，牛腿面标高也符合模数要求，故吊车轨顶实际高度肯定不符合模数要求）与工艺要求的标志高度之间有 200mm 的差值。在设计中，可将工艺要求的轨顶标志高度作为吊车梁顶面标高处的实际高度，这样轨顶实际高度比工艺要求的标志高度约高 200mm 左右，可以保证吊车正常运行，而且能够使牛腿面标高等符合模数要求。

3.2.3　排架计算

1. 计算简图

排架计算时，可通过任意两相邻排架的中线，截取一部分厂房作为计算单元。

排架结构计算的基本假定是：（1）屋架（屋面梁）与柱顶为铰接；（2）柱底嵌固于基顶；（3）横梁（即屋架或屋面梁）轴向刚度为∞；（4）柱轴线为柱的几何中心线，当柱为变截面时，柱轴线为一折线。如图 3-25（a）、（b）所示。

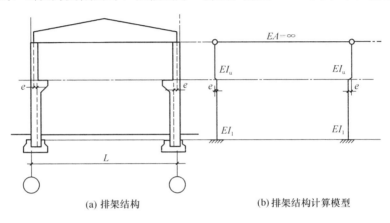

(a) 排架结构　　　　　　　　　　　(b) 排架结构计算模型

图 3-25　排架计算简图

2. 荷载计算

作用在排架上的荷载分恒荷载和活荷载两类。恒荷载一般包括屋盖自重 F_1、上柱自重 F_2、下柱自重 F_3、吊车梁和轨道联接自重 F_4，以及有时支承在牛腿上的围护结构等重力 F_5 等。活荷载一般包括屋面活荷载 F_6，吊车荷载 T_{max}、D_{max}、D_{min}，均布风荷载 q_1、q_2，以及作用在屋盖支承处的集中风荷载 $\overline{W}$ 等，如图 3-26 所示。

（1）恒荷载

恒载包括屋盖、吊车梁和柱自重，以及支承在柱上的围护墙的重量等，其值可根据构件的设计尺寸和材料的重力密度进行计算；对于标准构件，可从标准图集上查出。各类常用材料自重的标准值可查《建筑结构荷载规范》GB 50009—2012。

（2）屋面活荷载

屋面活荷载包括雪荷载、风荷载和不上人屋面均布活荷载（235kN/m²）等，其标准值可从《建筑结构荷载规范》GB 50009—2012 中查得。雪荷载与屋面均布活荷载不同时考虑，设计时取两者中的较大者。当有积灰荷载时，应与雪荷载或施工荷载中的较大者同时考虑。

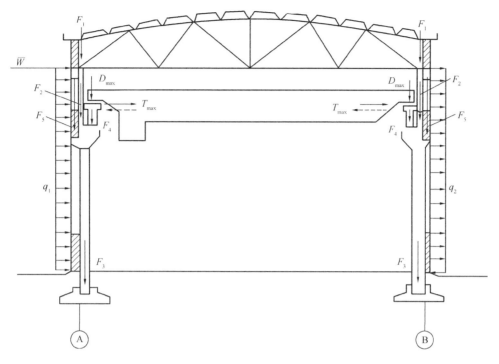

图 3-26 排架荷载示意图

（3）吊车荷载

吊车荷载是由吊车车辆两端行驶的四个轮子以集中力形式作用于两边的吊车梁上，再经吊车梁传给排架柱的牛腿上，如图 3-27 所示，吊车荷载可分为竖向荷载和水平荷载。

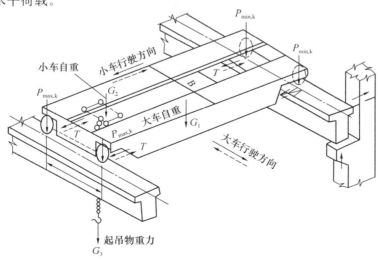

图 3-27 吊车荷载示意图

1）吊车竖向荷载

吊车竖向荷载是指吊车（大车和小车）重量与所吊重量经吊车梁传给柱的竖向压力。

如图 3-28（a）所示，当吊车起重量达到额定最大值，而小车同时驶到大车桥一端的极限位置时，则作用在该柱列吊车梁轨道上的压力达到最大值，称为最大轮压 P_{max}；此时作用在对面柱列轨道上的轮压则为最小轮压 P_{min}。P_{max} 和 P_{min} 的标准值，可根据吊车的规格（吊车类型、起重量、跨度及工作级别）从产品样本中查出。由于各个吊车生产厂的吊车参数不同，附录 B 表 B-1 给出的吊车参数（ZQ1-62 标准）仅供参考，实际设计时应以产品样本为准。

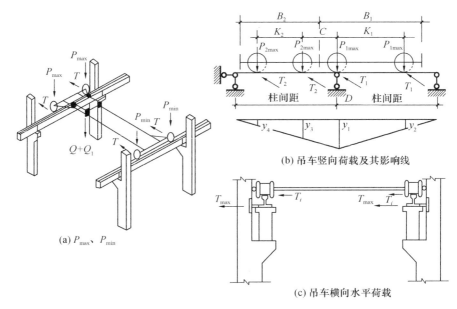

(a) P_{max}、P_{min}

(b) 吊车竖向荷载及其影响线

(c) 吊车横向水平荷载

图 3-28 吊车竖向荷载和横向水平荷载

当 P_{max} 和 P_{min} 确定后，即可根据吊车梁（按简支梁考虑）的支座反力影响线及吊车轮子的最不利位置［图 3-28（b）］，计算两台吊车由吊车梁传给柱子的最大吊车竖向荷载的标准值 D_{max} 与最小吊车竖向荷载标准值 D_{min}。

$$D_{max} = \xi[P_{1max}(y_1 + y_2) + P_{2max}(y_3 + y_4)] \tag{3-2a}$$

$$D_{min} = \xi[P_{1min}(y_1 + y_2) + P_{2min}(y_3 + y_4)] \tag{3-2b}$$

式中：P_{1max}、P_{2max} ——两台吊车最大轮压的标准值，且 $P_{1max} > P_{2max}$；

P_{1min}、P_{2min} ——两台吊车最小轮压的标准值，且 $P_{1min} > P_{2min}$；

y_1、y_2、y_3、y_4 ——与吊车轮子相对应的支座反力影响线上竖向坐标值，按图 3-28（b）所示的几何关系计算；

ξ ——多台吊车的荷载折减系数，见表 3-9。

当车间内有多台吊车共同工作时，考虑到同时达到最不利荷载位置的概率很小，因此，计算排架考虑多台吊车竖向荷载时，对单跨厂房的每个排架，参与组合的吊车台数不宜多于 2 台；对多跨厂房的每个排架，不宜多余 4 台。

在排架分析中，常考虑多台吊车的共同作用。多台吊车同时达到荷载标准值的概率很小，故在设计中进行荷载组合时，应对其标准值乘以相应的折减系数（表 3-9）。

多台吊车的荷载折减系数 ξ　　　　　　　　　　　　表 3-9

参与组合的吊车台数	吊车的工作级别	
	A1～A5	A6～A8
2	0.90	0.95
3	0.85	0.90
4	0.80	0.80

2）吊车水平荷载

吊车水平荷载分为横向水平荷载和纵向水平荷载两种。吊车的横向水平荷载主要是指小车水平刹车或启动时产生的惯性力，其方向与轨道垂直，如图 3-28（c）所示，可由正、反两个方向作用在吊车梁的顶面与柱连接处。

四轮吊车上每个轮子传递的横向水平力 T（kN）为：

$$T = \frac{1}{4}\alpha(Q + Q_1) \tag{3-3}$$

式中：α——横向水平荷载系数，对软钩吊车，当 $Q \leqslant 10t$ 时，取 0.12；当 $Q = 15 \sim 50t$ 时，取 1.0；当 $Q \geqslant 75t$ 时，取 0.08。

当吊车上面每个轮子的 T 值确定后，可用计算吊车竖向荷载的办法，计算吊车的最大横向水平荷载 T_{max}。

$$T_{max} = \xi[T_{1max}(y_1 + y_2) + T_{2max}(y_3 + y_4)] \tag{3-4}$$

需要注意的是，T_{max} 是同时作用在吊车两边的柱列上。

吊车的纵向水平荷载是指大车刹车或启动时所产生的惯性力，作用于刹车轮与轨道的接触点上，方向与轨道方向一致，由厂房的纵向排架承担，仅在验算纵向排架柱少于 7 根时使用，一般很少应用，此处不做解释。

（4）风荷载

作用在排架上的风荷载，是由计算单元这部分墙身和屋面传来的，其作用方向垂直于建筑物的表面，如图 3-9 所示，分压力和吸力两种。作用于柱顶以下的风荷载可近似按水平均布荷载计算，其风压高度变化系数可按柱顶标高取值。作用于柱顶以上的风荷载，通过屋架以水平集中力 $\overline{W}$ 形式作用于柱顶，这时风压高度变化系数可按下述情况确定：有矩形天窗时，可按天窗檐口取值；无矩形天窗时，按厂房檐口标高取值。

$$\omega_k = \mu_s \mu_z \omega_0 \tag{3-5}$$

式中：ω_0——基本风压（kN/m^2），可从《建筑结构荷载规范》GB 50009—2012中查得，ω_0 应大于或等于 $0.30kN/m^2$。

　　　μ_s——风载体型系数，从《建筑结构荷载规范》GB 50009—2012 中查出。

　　　μ_z——风压高度变化系数，从《建筑结构荷载规范》GB 50009—2012 中查出。

3. 排架内力计算

排架可分为两种类型：等高排架和不等高排架。等高排架可采用下面介绍的简便方法计算，不等高排架可按结构力学的方法进行计算。

排架计算时把计算过程分为两个步骤：如图 3-29 所示，第一步先在排架计算简图的柱顶附加不动铰支座以阻止水平侧移，求出其支座反力 R [图 3-29（b）]；第二步是撤除附加不动铰支座，并加反向作用的 R 于排架柱顶 [图 3-29（c）]，以恢复到原受力状态。叠加上述两步骤中的内力，即为排架的实际内力。

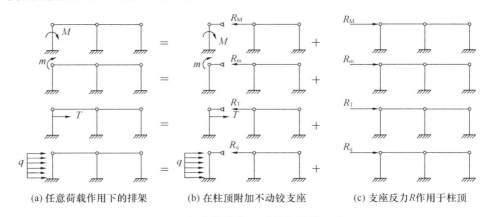

(a) 任意荷载作用下的排架　　(b) 在柱顶附加不动铰支座　　(c) 支座反力 R 作用于柱顶

图 3-29　各种荷载作用时排架计算示意图

第一步计算时，各种荷载作用下的不动铰支座支反力 R 可从附录 C 表 C-1 中查得。

第二步加反向作用的 R 于排架柱顶进行计算时，采用剪力分配法，每个柱分配的剪力 V_i 为：

$$V_i = \left[\frac{\dfrac{1}{\delta_i}}{\sum \dfrac{1}{\delta_i}} \right] \cdot F = \mu_i \cdot F \tag{3-6}$$

式中：μ_i —— i 柱的剪力分配系数，等于该柱本身的抗剪强度与所有柱总的抗剪刚度之比。

δ_i 是计算柱顶作用单位水平力时柱顶的侧移，即柔度，用下式计算：

$$\delta = \frac{H^3}{3EI_t}\left[1 + \lambda^3\left(\frac{1}{n} - 1\right)\right] = \frac{H^3}{C_0 EI_t} \tag{3-7}$$

式中，C_0 可由附录 C 表 C-1 求得。

4. 内力组合

完成单项荷载作用下排架的内力分析后，分别求出了排架柱在恒荷载及各种活荷载作用下所产生的内力（M、N、V），然后需要计算在恒荷载及部分活荷载（不一定是全部的活荷载）的作用下产生的控制截面最危险的内力，即排架内力组合。

（1）控制截面

为便于施工，阶形柱的各段均采用相同的截面配筋，并根据各段柱产生最危险内力的截面（称为"控制截面"）进行计算。

上柱：最大弯矩及轴力通常产生于上柱的底截面Ⅰ-Ⅰ（图 3-30），此即上柱的控制截面。

下柱：在吊车竖向荷载作用下，牛腿顶面处Ⅱ-Ⅱ截面的弯矩最大；在风荷载或吊车横向水平荷载作用下，柱底截面Ⅲ-Ⅲ的弯矩最大，故取此两截面为下柱的控制截面（在吊车竖向荷载作用下，下柱最不利截面是Ⅱ′-Ⅱ′，但该截面处有牛腿，其截面较大，为计算方便，取Ⅱ-Ⅱ为下柱控制截面，弯矩仍偏于安全取牛腿面的弯矩）。

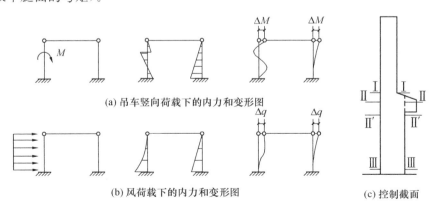

(a) 吊车竖向荷载下的内力和变形图

(b) 风荷载下的内力和变形图

(c) 控制截面

图 3-30　排架柱的控制截面

（2）荷载效应组合（同一种内力的组合）

对不考虑抗震设防的单层厂房，按承载能力极限状态进行内力分析时，常用的几种荷载效应组合分为：

1）1.2×恒载标准值计算的荷载效应＋0.9×1.4（活载＋风荷载＋吊车荷载）标准值计算的荷载效应；

2）1.2×恒载标准值计算的荷载效应＋0.9×1.4（风荷载＋吊车荷载）标准值计算的荷载效应；

3）1.2×恒载标准值计算的荷载效应＋0.9×1.4（活载＋风荷载）标准值计算的荷载效应；

4）1.2×恒载标准值计算的荷载效应＋0.9×1.4（活载＋吊车荷载）标准值计算的荷载效应；

5）1.2×恒载标准值计算的荷载效应＋1.4吊车荷载标准值计算的荷载效应；

6）1.2×恒载标准值计算的荷载效应＋1.4风荷载标准值计算的荷载效应；

7）1.2×重力荷载代表值计算的荷载效应＋1.3水平地震作用的荷载效应。

其中7）综合的荷载效应要按照式 $S \leqslant R/\gamma_{RE}$ 进行承载能力计算。

（3）不同种类内力的组合

单层排架柱是偏心受压构件，其截面内力有 M、N、V，因有异号弯矩，且为便于施工，柱截面常用对称配筋。

对称配筋构件，当 N 一定时，无论大、小偏压，M 越大，则钢筋用量也越大。当 M 一定时，对小偏压构件，N 越大，则钢筋用量也越大；对大偏压构件，N 越大，则钢筋用量反而减小。因此，一般应进行下列四种内力组合：

1）$+M_{max}$ 与相应的 N、V；

2）$-M_{max}$ 与相应的 N、V；

3）N_{max} 与相应的 $\pm M_{max}$、V；

4）N_{min} 与相应的 $\pm M_{max}$、V。

组合时以某一种内力为目标进行组合，例如组合最大正弯矩时，其目的是为了求出某截面可能产生的最大弯矩值，所以，凡使该截面产生正弯矩的活荷载项，只要实际上是可能发生的，都要参与组合，然后将所选项的 N 和 V 值分别相加。

内力组合时，需要注意以下几点：

1）恒载无论何种组合都存在。

2）在吊车竖向荷载中，有 D_{max} 分别作用在一跨厂房两个柱上的两种情况，每次只能选择其中一种参加组合。对单跨厂房应在 D_{max} 与 D_{min} 中取一个，对多跨厂房，因一般按不多于四台吊车考虑，故只能在不同跨各取一项。

3）吊车横向水平荷载 T 同时作用于其左、右两边的柱上，其方向可左、可右，不论单跨还是多跨厂房，因为只考虑两台吊车，故组合时只能选择向左或向右。

4）在选择吊车横向水平荷载时，该跨必然作用有吊车的相应竖向荷载；但选择吊车竖向荷载时，不一定存在着该吊车相应的横向水平荷载（但为了取得最不利组合，一般情况下选择吊车竖向荷载时，该跨一般也作用吊车相应的横向水平荷载）。

5）左、右向风不可能同时发生，只能选择其中一种参加内力组合。

6）在组合 N_{max} 或 N_{min} 时，应使相应的 $\pm M$ 也尽可能大些，这样更为不利。故凡使 $N=0$，但 $M \neq 0$ 的荷载项，只要有可能，应参与组合。

7）在组合 $\pm M_{max}$ 时，有时 $\pm M$ 虽不为最大，但其相应的 N 却比 $\pm M_{max}$ 时的 N 大得多（小偏压时）或小得多（大偏压时），则有可能更为不利，故在上述四种组合中，不一定包括了所有可能的最不利组合。但多数情况下，上述四种组合能够满足设计要求。

3.2.4 排架柱和其他构件的设计

1. 排架柱

在设计中，排架柱一般均采用对称配筋，为偏心受压构件，按混凝土偏心受压构件进行设计，详见混凝土结构设计原理的教材。

2. 基础设计

单层厂房的基础多数采用柱下杯口基础，杯口基础实际就是一种外形尺寸有特殊要求的独立基础，其尺寸要求见本章节相关内容，具体设计详见本书独立基础的章节。

3. 围护墙和圈梁、过梁

单层厂房的围护墙可选用黏土空心砌块、加气混凝土砌块等砌筑，地震区推荐采用大型轻质墙板。厂房的砌体围护墙宜采用外贴式并与柱可靠拉结。

窗洞、门洞上部应设置钢筋混凝土过梁，该过梁宜尽可能结合圈梁布置，由圈梁兼过梁。

圈梁兼过梁时，截面高度应符合过梁、圈梁两者尺寸的较大值，配筋可按两者的配筋量叠加。

4. 抗风柱

抗风柱也叫山墙柱。单层厂房的山墙一般需设置抗风柱将山墙分成几个区格，使墙面受到的风载一部分（靠近纵向柱列的区格）直接传至纵向柱列，另一部分则经抗风柱下端直接传至基础和经上端通过屋盖系统传至纵向柱列。

抗风柱一般采用钢筋混凝土抗风柱，柱外侧再贴砌山墙。一般情况下抗风柱与基础刚接，与屋架上弦铰接，可按钢筋混凝土受弯的构件进行设计。

抗风柱的柱顶标高应低于屋架上弦中心线 50mm，上下柱交接处的标高应低于屋架下弦下边缘 200mm，上柱截面高度不得小于 300mm，下柱截面高度不得小于 $H_x/25$，H_x 为下柱高度。柱截面宽度大多取 400mm。

3.3　计算书和施工图要求

3.3.1　计算书

计算书应包括以下几部分内容：

（1）荷载计算

包括屋面荷载、风荷载、吊车荷载、墙体荷载等。

（2）构件选型

包括屋面板、屋架、天窗架、屋盖支撑、排架柱、柱间支撑、吊车梁、吊车轨道联结、基础梁、过梁等，应列出选用的图集号、选型依据和选型结果。

（3）部分手算构件的内容

需要注意的是，计算书应尽可能详细，引用的数据要有出处，详实无误。引用的书籍要注明作者、书名、出版社、出版年份和引用的页次，引用的论文要注明作者、论文名称、发表的刊物名称、卷期和引用的页次，引用的规范要注明规范名称（常用的规范可采用简写）、包含年份的规范号和引用的页次，引用的标准图要注明标准图名称（常用的标准图可采用简写）、图集号和引用的页次。总的要求是，在计算人不在场解释的情况下，第二者可以完全看明白计算书中的全部内容。

计算书应书写工整（打印稿也可），加封面、目录，按页次装订。

3.3.2　主要图纸

结构设计图纸主要包括以下几部分：

（1）结构设计总说明（构件连接节点可一并在总说明中指定）；

（2）基础、基础梁平面图和详图；

（3）屋面板（包括天窗部分）布置图，天窗部分宜单独绘制；

（4）屋架布置图、屋盖上弦支撑布置图、屋盖下弦支撑、垂直支撑布置图；

（5）柱（包括抗风柱）、柱间支撑布置图，柱详图；

（6）其他详图（如工作平台、设备基础等）。

课程设计时由于时间有限，只要求绘制排架柱模板图和配筋图。

图纸可手绘或采用 CAD 软件计算机绘制，图幅一般为 3 号，字体应采用长仿宋体，图线、比例、符号、定位轴线、构件名称、图样画法、尺寸标注、剖面详图及符号、钢筋、预埋件等应符合《房屋建筑制图统一标准》GB/T 50001—2017 和《建筑结构制图标准》GB/T 50105—2010 的要求，做到图面清晰、简明，符合设计、施工、存档的要求，适应工程建设的需要。

3.4 单层单跨厂房排架结构设计实例

3.4.1 设计内容和条件

开封市某单层单跨工业厂房，厂房纵向总长度54m，柱距为6m，不设天窗。跨度24m，设有两台桥式起重机，中级工作制，额定起重量150/30kN，轨顶标高13m。室内地坪标高为+0.000，室外地坪标高为−0.090，基础顶面离室外地坪为1.2m。

1. 排架柱设计内容

（1）选定截面尺寸；

（2）荷载计算包括竖向荷载、风荷载、地震作用、吊车荷载；

（3）排架内力计算；

（4）排架内力组合及截面配筋计算，牛腿设计及配筋计算；

（5）写出计算书一份，画出边、中柱配筋图一张。

2. 设计条件

（1）屋面活荷载$q=0.5kN/m^2$，地面粗糙类别为B类，不考虑积灰荷载，雪荷载$q=0.35kN/m^2$，雪荷载的准永久值$\phi_q=0.2$。

（2）基本风压$w_0=0.45kN/m^2$。

（3）屋面板采用大型屋面板，卷材防水（三毡四油），非上人屋面。

（4）围护结构：240mm厚普通砖墙，外侧贴浅色釉面瓷砖，内侧20mm混合砂浆抹灰，刷白色涂料；钢玻璃窗：3.3m×4.5m、2.1m×3.9m。外墙荷载直接传给基础梁。计算竖向荷载排架内力时不考虑，计算地震作用时考虑。

（5）考虑地震作用，设计使用年限50年，结构安全等级为二级，抗震设防烈度为8度，Ⅱ类场地，第二组。

（6）排架柱混凝土采用C30，基础混凝土采用C25，柱中受力钢筋采用HRB335级钢筋，箍筋、构造钢筋、基础配筋采用HPB300级钢筋。

（7）吊车：$Q=15/3t$桥式吊车，软钩，工作级别为A5级。

吊车梁：先张法预应力混凝土吊车梁，自重44.2kN/个；

吊车轨道联结：轨道和轨道联结件；

桥跨：$L_k=22.5m$；

桥宽：$B=5550mm$；

轮距：$K=4400mm$；

小车重：$g=69kN$；

最大轮压：$P_{max}=185kN$；

最小轮压：$P_{min}=50kN$。

3.4.2　构件选型

1. 钢屋架

采用图 3-31 所示的 24m 钢桁架，桁架端部高度为 1.2m，中央高度为 2.4m，屋面坡度为 1/12。钢檩条长 6m，屋面板采用彩色钢板，厚 4mm。

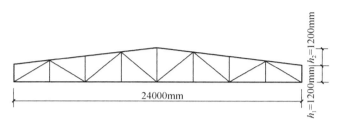

图 3-31　24m 钢桁架

2. 预制钢筋混凝土吊车梁和轨道联结

采用标准图 G323（二），中间跨 DL-9Z，边跨 DL-9B，梁高 $h_b = 1.2m$。轨道联结采用标准图集 G325（二）。

3. 预制钢筋混凝土柱

取轨道顶面至吊车梁顶面距离 $h_a = 1.2m$，故牛腿顶面标高＝轨顶标高－$h_b - h_a = 13 - 1.2 - 0.2 = +11.600m$。

由附录 B 查得，吊车轨顶至吊车顶部的距离为 2.15m，考虑屋架下弦至吊车顶部所需空隙高度为 260mm，故柱顶标高＝$13 + 2.15 + 0.26 = 15.410m$。

基础顶面至室外地坪的距离为 1.2m，则基础顶面至室内地坪的高度为 $1.2 + 0.09 = 1.29m$，故

从基础顶面算起的柱高 $H = 15.41 + 1.29 = 16.70m$

上部柱高 $H_u = 15.41 - 11.6 = 3.81m$

下部柱高 $H_l = 16.70 - 3.81 = 12.89m$

3.4.3　计算单元及计算简图

1. 定位轴线

B_1：由附录 C 表 C-1 可查得轨道中心线至吊车顶部的距离 $B_1 = 260mm$；

B_2：吊车桥架至上柱内边缘的距离，一般取 $B_2 \geqslant 80mm$；

B_3：封闭的纵向定位轴线至上柱内边缘的距离，$B_3 = 400mm$。

$B_1 + B_2 + B_3 = 260 + 80 + 400 = 740mm < 750mm$，可以。

故取封闭的定位轴线Ⓐ、Ⓑ都分别与左、右外纵墙内皮重合。

2. 计算单元

该工业厂房在工艺上没有特殊要求，结构布置均匀，除吊车荷载外，荷载在纵向的分布是均匀的，故可取一榀横向排架为计算单元，计算单元的宽度为纵向

相邻柱间距中心线之间的距离，即 $B=6.0$m，如图 3-32（a）所示。

3. 计算简图

排架的计算简图如图 3-32（b）所示。

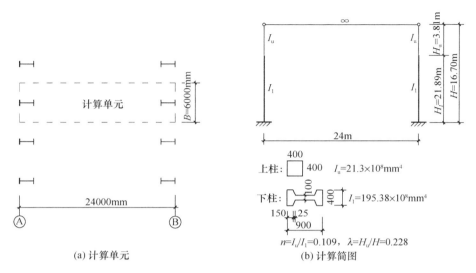

图 3-32 设计例题的计算单元与计算简图

3.4.4 荷载计算

1. 柱截面尺寸的确定

Q 在 $15\sim20$t 之间，中级工作制，10m$<H_k\leq12$m。由于是单跨结构，结构形式对称。因此 A、B 柱截面尺寸相同。

A 柱：上柱采用矩形截面 $b\times h=400$mm$\times400$mm；

下柱采用 I 形截面 $b_f\times h\times b\times h_f=400mm\times900mm\times100mm\times150$mm。

B 柱：上柱采用矩形截面 $b\times h=400$mm$\times400$mm；

下柱采用 I 形截面 $b_f\times h\times b\times h_f=400mm\times900mm\times100mm\times150$mm。

2. 屋面荷载

（1）屋盖恒荷载

近似取屋盖恒荷载标准值为 1.2kN/m²，故由屋盖传给排架柱的集中恒荷载设计值为：

$$F_1=1.3\times1.2\times12\times6=112.32\text{kN}$$

作用于上部柱中心外侧 $e_0=50$mm 处。

（2）屋面活荷载

《建筑结构荷载规范》GB 50009—2012 规定，屋面均布活荷载标准值为 $0.5\mathrm{kN/m^2}$，比屋面雪荷载标准值 $0.3\mathrm{kN/m^2}$ 大，故仅按屋面均布活荷载计算。于是由屋盖传给排架柱的集中活荷载设计值为：

$$F_6 = 1.4 \times 0.5 \times 12 \times 6 = 54\mathrm{kN}$$

作用于上部柱中心外侧 $e_0 = 50\mathrm{mm}$ 处。

3. 柱和吊车梁等恒荷载

上部柱自重标准值为 $4.0\mathrm{kN/m}$，故作用于牛腿顶截面处的上部柱恒荷载设计值为：

$$F_2 = 1.3 \times 3.81 \times 4 = 19.81\mathrm{kN}$$

下部柱自重标准值为 $4.69\mathrm{kN/m}$，故作用在基础顶截面处的下部柱恒荷载设计值为：

$$F_3 = 1.3 \times 12.89 \times 4.69 = 78.59\mathrm{kN}$$

吊车梁自重标准值为 $39.5\mathrm{kN/}$根，轨道连接自重标准值为 $0.80\mathrm{kN/m}$，故作用在牛腿顶截面处的吊车梁和轨道连接的恒荷载设计值为：

$$F_4 = 1.3 \times (39.5 + 6 \times 0.8) = 57.59\mathrm{kN}$$

F_1、F_2、F_3、F_4 和 F_6 的作用位置如图 3-33 所示。

4. 吊车荷载

吊车跨度 $L_k = 24 - 2 \times 0.75 = 22.5\mathrm{m}$。

查附录，得 $Q = 15/3\mathrm{t}$、$L_k = 22.5\mathrm{m}$ 时的吊车最大轮压标准值 $P_{max.k} = 185\mathrm{kN}$，最小轮压标准值 $P_{min.k} = 50\mathrm{kN}$，小车自重标准值 $G_{2.k} = 69\mathrm{kN}$，与吊车额定起重量相对应的重力标准值 $G_{3.k} = 150\mathrm{kN}$。并查得吊车宽度 B 和轮距 K：$B = 5.55\mathrm{m}$；$K = 4.40\mathrm{m}$。

（1）吊车竖向荷载设计值 D_{max}、D_{min}

由图 3-34 所示的吊车梁支座反力影响线可知：

$$D_{max.k} = \beta P_{max.k} \sum y_i = 0.9 \times 185 \times (1 + 0.808 + 0.267 + 0.075) = 357.98\mathrm{kN}$$

$$D_{max} = \gamma_Q D_{max.k} = 1.5 \times 357.98 = 536.97\mathrm{kN}$$

$$D_{min} = D_{max} \frac{P_{min.k}}{P_{max.k}} = 536.97 \times \frac{50}{185} = 145.13\mathrm{kN}$$

（2）吊车横向水平荷载设计值 T_{max}

$$T_k = \frac{1}{4}\alpha(G_{2.k} + G_{3.k}) = \frac{1}{4} \times 0.1 \times (69 + 150) = 5.475\mathrm{kN}$$

$$T_{max} = D_{max} \frac{T_k}{P_{max.k}} = 536.97 \times \frac{5.475}{185} = 15.89\mathrm{kN}$$

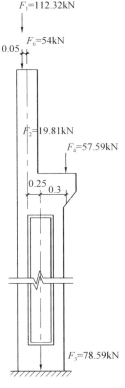

图 3-33　恒荷载的作用位置

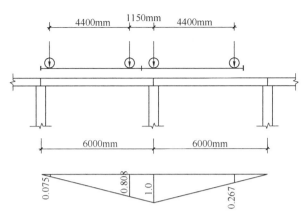

图 3-34 吊车梁支座反力影响线

5. 风荷载

（1）作用在柱顶处的集中风荷载设计值 $\overline{W}$

这时风荷载的高度变化系数 μ_z 按檐口离室外地坪的高度 $0.09+15.41+1.2$（屋架端部高度）$=16.70\text{m}$ 来计算。查表得离地面 15m 时，$\mu_z = 1.14$；离地面 20m 时，$\mu_z = 1.25$。用插入法，知

$$\mu_z = 1.14 + \frac{1.25 - 1.14}{20 - 15} \times (16.70 - 15) = 1.18$$

由图可知，$h_1 = h_2 = 1.2\text{m}$

$$\overline{W}_k = [(0.8 + 0.5)h_1 + (0.5 - 0.6)h_2] \cdot \mu_z W_0 B$$
$$= [(0.8 + 0.5) \times 1.2 + (0.5 - 0.6) \times 1.2] \times 1.18 \times 0.45 \times 6 = 4.59\text{kN}$$
$$\overline{W} = \gamma_Q \overline{W}_k = 1.5 \times 4.59 = 6.89\text{kN}$$

（2）沿排架柱高度作用得均布风荷载设计值 q_1、q_2

这时风压高度变化系数 μ_z 按柱顶离室外地坪的高度 $0.09+15.41=15.50\text{m}$ 来计算。

$$\mu_z = 1.14 + \frac{1.25 - 1.14}{20 - 15} \times (15.50 - 15) = 1.15$$

$$q_1 = \gamma_Q \mu_s \mu_z W_0 B = 1.5 \times 0.8 \times 1.15 \times 0.45 \times 6 = 3.73\text{kN/m}$$
$$q_2 = \gamma_Q \mu_s \mu_z W_0 B = 1.5 \times 0.5 \times 1.15 \times 0.45 \times 6 = 2.33\text{kN/m}$$

3.4.5 内力分析

内力分析时所取的荷载值都是设计值，故得到的内力值都是内力的设计值。

1. 屋盖荷载作用下的内力分析

（1）屋盖集中恒荷载 F_1 作用下的内力分析

柱顶不动支点反力 $R = \dfrac{M_1}{H} C_1$

$$M_1 = F_1 \times e_0 = 112.32 \times 0.05 = 5.62 \text{kN} \cdot \text{m}$$

按 $n = I_u / I_1 = 0.109$ 、$\lambda = H_u / H = 0.228$ ，查附录 C 表 C-1 得柱顶弯矩作用下的系数 C_1 的计算式为：：

$$C_1 = 1.5 \times \frac{1 - \lambda^2 \left(1 - \dfrac{1}{n}\right)}{1 + \lambda^3 \left(\dfrac{1}{n} - 1\right)} = 1.5 \times \frac{1 - 0.228^2 \left(1 - \dfrac{1}{0.109}\right)}{1 + 0.228^3 \left(\dfrac{1}{0.109} - 1\right)} = 1.94$$

$$R = \frac{M_1}{H} C_1 = \frac{5.62}{16.70} \times 1.94 = 0.65 \text{kN}$$

（2）屋盖集中活荷载 F_6 作用下的内力分析

$$M_6 = F_6 \times e_0 = 54 \times 0.05 = 2.70 \text{kN} \cdot \text{m}$$

$$R = \frac{M_6}{H} C_1 = \frac{2.70}{16.70} \times 1.94 = 0.31 \text{kN}$$

在 F_1、F_6 分别作用下得排架柱弯矩图、轴力图和柱底剪力图，分别如图 3-35所示，图中标注出的内力值是指控制截面 Ⅰ-Ⅰ 、Ⅱ-Ⅱ 和Ⅲ-Ⅲ 截面的内力设计值。弯矩以使排架外侧受拉的为正，反之为负；柱底剪力以向左为正、向右为负。

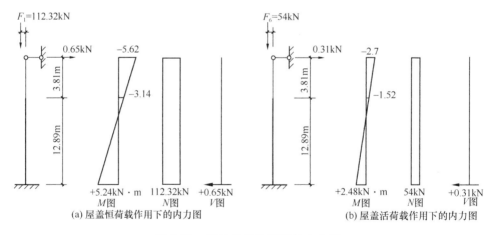

图 3-35　屋盖荷载作用下的内力图

2. 柱自重、吊车梁及轨道联结等自重作用下的内力分析

不做排架分析，其对排架柱产生的弯矩和轴向力如图 3-36 所示。

3. 吊车荷载作用下的内力分析

（1）D_{max} 作用在 A 柱，D_{min} 作用在 B 柱时，A 柱的内力分析如下：

$$M_{max} = D_{max} \cdot e = 536.97 \times (0.75 - 0.45) = 161.09 \text{kN} \cdot \text{m}$$

$$M_{min} = D_{min} \cdot e = 145.13 \times (0.75 - 0.45) = 43.54 \text{kN} \cdot \text{m}$$

这里的偏心距 e 是指吊车轨道中心线至下部柱截面形心的水平距离。

A 柱顶的不动支点反力，查附录 C 表 C-1 得 C_3 计算式

$$C_3 = 1.5 \times \frac{1-\lambda^2}{1+\lambda^3\left(\frac{1}{n}-1\right)}$$

$$= 1.5 \times \frac{1-0.228^2}{1+0.228^3\left(\frac{1}{0.109}-1\right)}$$

$$= 1.3$$

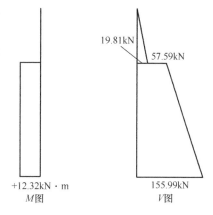

图 3-36 柱自重及吊车梁
等作用下的内力图

A 柱顶不动支点反力 $R_A = \dfrac{M_{max}}{H} C_3 = \dfrac{161.09}{12.67} \times 1.3 = 16.53\text{kN}$

B 柱顶不动支点反力 $R_B = \dfrac{M_{min}}{H} C_3 = \dfrac{43.54}{12.67} \times 1.3 = 4.47\text{kN}$

A 柱顶水平剪力 $V_A = R_A + \dfrac{1}{2}(-R_A-R_B) = 16.53 + \dfrac{1}{2}(-16.53+4.47) = 10.5\text{kN}$

B 柱顶水平剪力 $V_B = R_B + \dfrac{1}{2}(-R_A-R_B) = -4.47 + \dfrac{1}{2}(-16.53+4.47) = -10.5\text{kN}$

内力图如图 3-37（a）所示。

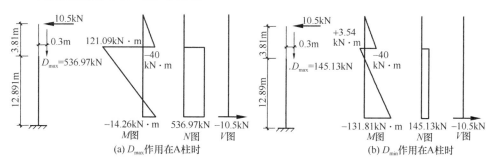

图 3-37 吊车竖向荷载作用下的内力图

（2）D_{min} 作用在 A 柱，D_{max} 作用在 B 柱时的内力分析如下：

此时，A 柱顶剪力与 D_{max} 作用在 A 柱时的相同，也是 $V_A = 10.5\text{kN}$，故可得内力值，如图 3-37（b）所示。

（3）在 T_{max} 作用下的内力分析如下：

T_{max} 至牛腿顶面的距离为 $13-11.6=1.4\text{m}$；

T_{max} 至柱底的距离为 $13+0.09+1.2=14.29\text{m}$。

因 A 柱与 B 柱相同，受力也相同，故柱顶水平位移相同，没有柱顶水平剪力，故 A 柱的内力如图 3-38 所示。

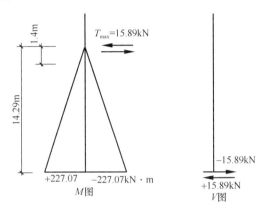

图 3-38　T_{max} 作用下的内力图

4. 风荷载作用下，A 柱的内力分析

左风时，在 q_1、q_2 作用下的柱顶不动铰支座反力，由附录 C 查 C6 计算公式为：

$$C_6 = \frac{3\left[1+\lambda^4\left(\frac{1}{n}-1\right)\right]}{8\left[1+\lambda^3\left(\frac{1}{n}-1\right)\right]} = \frac{3\left[1+0.228^4\left(\frac{1}{0.109}-1\right)\right]}{8\left[1+0.228^3\left(\frac{1}{0.109}-1\right)\right]} = 0.349$$

不动铰支座反力：

$$R_A = q_1 H C_6 = 3.73 \times 16.70 \times 0.349 = -21.74\text{kN}$$
$$R_B = q_2 H C_6 = 2.33 \times 16.70 \times 0.349 = -13.58\text{kN}$$

A 柱顶水平剪力：

$$V_A = R_A + \frac{1}{2}(\overline{W} - R_A - R_B) = -21.74 + \frac{1}{2} \times (6.89 + 21.74 + 13.58) = 0.64\text{kN}$$

$$V_B = R_B + \frac{1}{2}(\overline{W} - R_A - R_B) = -13.58 + \frac{1}{2} \times (6.89 + 21.74 + 13.58) = 7.53\text{kN}$$

故左风和右风时，A 柱的内力图如图 3-39 所示。

3.4.6　内力组合表及其说明

1. 内力组合表

A 柱控制截面 I-I、II-II、III-III 的内力组合见表 3-10。

表 3-10

A 柱内力组合表

内力设计值（M kN·m / N kN / V kN）

荷载编号	荷载类型	M(kN·m)	N(kN)	V(kN)
①屋面恒荷载	恒荷载	-5.62 / +5.24	112.32	-3.14 / +0.65
②柱、吊车梁自重	恒荷载	19.81	57.99 / 155.99（12.32）	—
③屋面均布荷载	—	-2.7 / +2.48	54	-1.52 / +0.31
④D_{max} 在 A 柱	—	121.09 / -14.26	536.97	-40 / -10.5
⑤D_{min} 在 A 柱	—	+3.54 / -131.81	145.13	-40 / -10.5
⑥T_{max}	—	+227.07 / -227.07	—	+15.89 / -15.89
⑦左风	—	+527.31	—	+62.93
⑧右风	—	-450.66	—	-8.81

控制截面 I—I 内力组合

恒荷载 + 0.9（任意两种或两种以上活荷载）

组合项目	组合式	M(kN·m)	N, V(kN)
+M_{max} 及相应 N	①+②+0.9×(③+④+⑥+⑧)		$N=112.32+19.81+0.9×(54+0+0+0)=180.73$
-M_{max} 及相应 N	①+②+0.9×(③+④+⑥+⑧)	$-M_{max}=-3.14+0+0.9×(-1.52-40-15.89-45.6)=-95.85$	
N_{max} 及相应 M	①+②+0.9×(③+④+⑥+⑧)	$M=-3.14+0+0.9×(-1.52-40-15.89-45.6)=-95.85$	$N_{max}=112.32+19.81+0.9×(54+0+0+0)=180.73$

恒荷载 + 任意一种活荷载

组合项目	组合式	M(kN·m)	N, V(kN)
+M_{max} 及相应 N	①+②+⑦	$+M_{max}=-3.14+0+28.71=+25.57$	$N=112.32+19.81+0=132.13$
N_{max} 及相应 M	①+②+③	$M=-3.14+0-1.52=-4.66$	$N_{max}=112.32+19.81+54=186.13$

截面示意：I—I、II—II、III—III（A 柱，N、M、V 方向）

续表

荷载类型		恒荷载							
荷载编号（内力图）		①屋面恒荷载	②柱、吊车梁自重	③屋面均布荷载	④D_{max} 在 A 柱	⑤D_{min} 在 A 柱	⑥T_{max}	⑦左风	⑧右风
		−5.62；−3.14；112.32；+5.24；+0.65 M(kN·m) N(kN) V(kN)	19.81；57.59；155.99；12.32 M(kN·m) N(kN)	−27；−1.52；54；+0.31；+2.48 M(kN·m) N(kN) V(kN)	121.09；−40；−14.26；536.97；−10.5 M(kN·m) N(kN) V(kN)	+3.54；−40；−131.81；145.13；−10.5 M(kN·m) N(kN) V(kN)	+15.89；−15.89；+227.07；−227.07 M(kN·m) V(kN)	+527.31；+62.93 M(kN·m) V(kN)	−8.81；−450.66 M(kN·m) V(kN)
控制截面	内力设计值	①	②	③	④	⑤	⑥	⑦	⑧
I—I	N_{max} 及相应 M	①+②+0.9×(⑥+⑦+⑧)	M=−3.14+0.9×(−40)−15.89−45.6)=−88.69	N_{min}=112.32+19.81+0.9×(0+0+0)=132.13	①+②+⑧	①+②+⑧	M=−3.14+0−45.6=−48.74	N_{min}=112.32+19.81+0=132.13	N=112.32+19.81+0=132.13
II—II	+M_{max} 及相应 N	①+②+0.9×(④+⑥+⑦)	+M_{max}=−3.14+0.9×(121.09+15.89+28.77)=164.08	N=112.32+57.79+0.9×(536.97)=653.38	①+②+④	①+②+④	+M_{max}=−3.14+12.32+121.09=+130.25	N=112.32+57.79+536.97=707.08	N=112.32+57.79+536.97=707.08
II—II	−M_{max} 及相应 N	①+②+0.9×(③+⑤+⑥+⑧)	−M_{max}=−3.14+0.9×(−1.52+3.54−15.89−28.71)=−44.34	N=112.32+57.79+0.9×(54+145.13+0+0)=349.33	①+②+⑧	①+②+⑧	−M_{max}=−3.14+12.32−45.6=−36.42	N=112.32+57.79+536.97=707.08	N=112.32+57.79+536.97=707.08
II—II	N_{max} 及相应 M	①+②+0.9×(③+④+⑥+⑦)	M=−3.14+(−1.52)+0.9×(121.09+15.89+28.71)=156.93	N_{max}=112.32+57.79+0.9×(54+536.97+0+0)=701.93	①+②+④	①+②+④	M=−3.14+12.32+121.09=+130.25	N_{max}=112.32+57.99+536.97=707.08	N_{max}=112.32+57.99+536.97=707.08
II—II	N_{min} 及相应 M				①+②+⑦	①+②+⑦	M=−3.14+12.32+28.71+0=+37.89	N_{min}=112.32+57.79+0=170.11	N_{min}=112.32+57.79+0=170.11

柱号、控制截面及正号内力的方向（图示：Ⅰ—Ⅰ、Ⅱ—Ⅱ、Ⅲ—Ⅲ 截面，A 柱，N、M、V 正方向）

柱号、控制截面号及正号内力的方向	控制截面	荷载编号／内力设计值	① 屋面恒荷载	② 柱、吊车梁自重	③ 屋面均布荷载	④ D_max 在A柱	⑤ D_min 在A柱	⑥ T_max	⑦ 左风	⑧ 右风
（Ⅰ、Ⅱ、Ⅲ 柱示意）	Ⅲ—Ⅲ	荷载类型	恒荷载	恒荷载						
		荷载简图内力值	$M=-5.62$，$N=112.32$，$V=+0.65$，$+5.24$，-3.14 $M(\text{kN·m})\ N(\text{kN})\ V(\text{kN})$	19.81，-57.59，$M=12.32$，$N=155.99$ $M(\text{kN·m})\ N(\text{kN})$	-2.7，-1.52，$+2.48$，$N=54$，$V=+0.31$ $M(\text{kN·m})\ N(\text{kN})\ V(\text{kN})$	121.09，-40，-14.26，$N=536.97$，$V=-0.5$ $M(\text{kN·m})\ N(\text{kN})\ V(\text{kN})$	$+3.54$，-40，-131.81，$N=145.13$，$V=-0.5$ $M(\text{kN·m})\ N(\text{kN})\ V(\text{kN})$	$+15.89$，-15.89，-227.07，$+227.07$ $M(\text{kN·m})\ V(\text{kN})$	$+527.31$，$+62.93$ $M(\text{kN·m})\ V(\text{kN})$	-450.66，-8.81 $M(\text{kN·m})\ V(\text{kN})$
	Ⅲ—Ⅲ	$+M_{max}$ 及相应 N、V	①+②+0.9×(③+④+⑥+⑦)	$+M_{max}=12.32+0.9\times(2.48-14.26+227.07+527.31)=675.42$	$N=112.32+536.97+0.9\times(54+0+0)=800.13$ $V=+0.65+0.9\times(0.31+15.89+62.93)=63.94$		①+②+⑦	$+M_{max}=+5.24+12.32+527.31=544.87$	$N=112.32+155.99+0=268.31$ $V=+0.65+0+62.93=63.58$	$N=112.32+155.99+0=268.31$ $V=+0.65+0+62.93=63.58$
	Ⅲ—Ⅲ	$-M_{max}$ 及相应 N、V	①+②+0.9×(⑤+⑥+⑧)	$-M_{max}=12.32+0.9\times(-131.81-227.07-450.66)=-721.51$	$N=112.32+155.99+0.9\times(145.13+0+0)=398.93$ $V=+0.65+0.9\times(-8.81-15.89-46.44)=-63.38$		①+②+⑧	$-M_{max}=+5.24+12.32-450.66=-433.1$	$N=112.32+155.99+0=268.31$ $V=+0.65+0-46.44=-45.79$	
	Ⅲ—Ⅲ	N_{max} 及相应 M、V	①+②+0.9×(③+④+⑦)	$M=-5.24+12.32+0.9\times(2.48-14.26+227.07+527.31)=687.12$	$N_{max}=112.32+155.99+0.9\times(54+536.97+0+0)=800.13$ $V=+0.65+0.9\times(0.31+15.89+62.93)=63.94$		①+②+④	$M=+5.24+12.32-14.26=+16.3$	$N_{max}=112.32+155.99+536.97=805.28$ $V=+0.65+0-8.81=-8.16$	
	Ⅲ—Ⅲ	N_{min} 及相应 M、V	①+②+0.9×(③+④+⑦)				①+②+⑦	$M=+5.24+12.32+527.31=544.87$	$N=112.32+155.99+0=268.31$ $V=+0.65+0+62.93=63.58$	

89

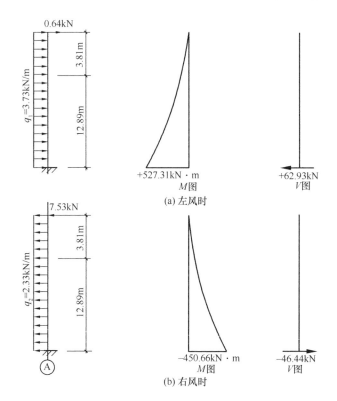

图 3-39 风荷载作用下的 A 柱内力图

2. 内力组合的说明

（1）控制截面Ⅰ-Ⅰ在以 $+M_{max}$ 及相应的 N 为目标进行恒荷载 $+0.9 \times$（任意两种或两种以上活荷载）的内力组合，由于"有 T 必有 D"，由 T_{max} 产生是正弯矩 $+15.89kN \cdot m$，而在 D_{max} 或 D_{min} 作用下产生负弯矩 $-33.57kN \cdot m$，如果把它们组合起来，得到的是负弯矩，与要得到的 $+M_{max}$ 的目标不符，故不予组合。

（2）控制截面Ⅰ-Ⅰ在以 N_{max} 及相应 M 为目标进行恒荷载 $+0.9 \times$（任意两种或两种以上活荷载）的内力组合，应在得到 N_{max} 的同时，使得 M 尽可能的大，因此采用①+②+0.9［③+④+⑥+⑧］。

（3）D_{max}、D_{min}、T_{max} 和风荷载对截面Ⅰ-Ⅰ都不产生轴向力 N，因此对Ⅰ-Ⅰ截面进行 N_{max} 及相应 M 的恒荷载 $+$ 任一活荷载内力组合时，取①+②+③。

（4）在恒荷载 $+$ 任一种活荷载的内力组合中，通常采用恒荷载 $+$ 风荷载，但在以 N_{max} 为内力组合目标时或在对Ⅱ-Ⅱ截面以 $+M_{max}$ 为内力组合目标时，则常改为恒荷载 $+D_{max}$。

（5）评判Ⅱ-Ⅱ截面的内力组合时，对 $+M_{max} = 164.08kN$ 及相应 $N =$

544.87kN，$e_0 = 0.30$m 大于 $0.3h_0 = 0.3 \times 0.86 = 0.258$m，但考虑到 P-Δ 二阶效应后弯矩会增大，故估计是大偏压，因此取它为最不利内力组合；对Ⅲ-Ⅲ截面，$N_{\min} = 268.31$kN 及相应 $M = 544.87$kN·m、$e_0 = 2.031$m，偏心距很大，故也取为最不利内力组合。

（6）控制截面Ⅲ-Ⅲ的 $-M_{\max}$ 及相应 N、V 的组合，是为基础设计用的。

3.4.7 排架柱截面设计

采用就地预制柱，混凝土强度等级 C30，纵向受力钢筋为 HRB400 级钢筋，采用对称配筋。

1. 上部柱配筋计算

由内力组合表 3-10 可知，控制截面Ⅰ-Ⅰ的内力设计值为 $M = 90.06$kN·m、$N = 180.73$kN。

（1）考虑 P-Δ 二阶效应

$e_0 = M/N = 90.06 \times 10^6 / 180.73 \times 10^3 = 498$mm，$e_a = 20$mm

$e_i = e_0 + e_a = 498 + 20 = 518$mm

$A = bh = 400 \times 400 = 160 \times 10^3 \text{ mm}^2$

$\zeta_c = \dfrac{0.5 f_c A}{N} = \dfrac{0.5 \times 14.3 \times 160 \times 10^3}{180.73 \times 10^3} = 6.33 > 1.0$，取 $\zeta_c = 1.0$ 查表可

知，$l_0 = 2H_u = 2 \times 3.81 = 7.62$m

$$\eta_s = 1 + \frac{1}{1500 \dfrac{e_i}{h_0}} \left(\frac{l_0}{h}\right)^2 \zeta_c = 1 + \frac{1}{1500 \times \dfrac{518}{360}} \left(\frac{7.62}{0.4}\right)^2 \times 1.0 = 1.17$$

（2）截面设计

假设为大偏心受压，则

$$x = \frac{N}{\alpha_1 f_c b'_f} = \frac{180.73 \times 10^3}{1 \times 14.3 \times 400} = 31.60 \text{mm} < 2a'_s = 80 \text{mm}$$

取 $x = 2a'_s = 80$mm 计算

$$e' = \eta_s e_i - \frac{h}{2} + a'_s = 1.17 \times 518 - \frac{400}{2} + 40 = 446 \text{mm}$$

$$A_s = A'_s = \frac{Ne'}{f_y(h_0 - a'_s)} = \frac{180.73 \times 10^3 \times 446}{360 \times (360 - 40)} = 700 \text{mm}^2$$

选用 3C18，$A_s = A'_s = 763$mm²，故截面一侧钢筋截面面积 763mm² $> \rho_{\min}bh = 0.2\% \times 400 \times 40 = 320$mm²；同时柱截面总配筋 $2 \times 763 = 1526$mm² $> 0.55\% \times 400 \times 400 = 880$mm²。

（3）垂直于排架方向的截面承载力计算

查表可知，垂直于排架方向的上柱计算长度 $l_0 = 1.25H_u = 1.25 \times 3.81 = 4.76$m。

$\dfrac{l_0}{b} = \dfrac{4.76}{0.4} = 11.9$，查钢筋混凝土构件的稳定系数表，得 $\varphi = 0.95$。

$N_u = 0.9\varphi(f_c A + f'_y A'_s) = 0.9 \times 0.95 \times (14.3 \times 400 \times 400 + 360 \times 1526)$
$= 2425.94\text{kN} > N = 180.73\text{kN}$，承载力满足。

2. 下部柱配筋计算

按控制截面 Ⅲ-Ⅲ 进行计算。由内力组合表知，有两组不利内力：① $M = 721.72\text{kN} \cdot \text{m}$，$N = 800.13\text{kN}$；② $M = 544.87\text{kN} \cdot \text{m}$，$N = 268.31\text{kN}$。

（1）按①组内力进行截面设计

$e_0 = \dfrac{721.72 \times 10^6}{800.13 \times 10^3} = 902\text{mm}$，$e_a = h/30 = 900/30 = 30\text{mm}$

$e_i = e_0 + e_a = 902 + 30 = 932\text{mm}$

$A = bh + 2(b_f - b)h_f = 100 \times 900 + 2(400 - 100)(150 - 12.5) = 1.875 \times 10^5\ \text{mm}^2$

$\zeta_c = \dfrac{0.5 f_c A}{N} = \dfrac{0.5 \times 14.3 \times 1.875 \times 10^5}{800.13 \times 10^3} = 1.69 > 1.0$，取 $\zeta_c = 1.0$

$\eta_s = 1 + \dfrac{1}{1500\,\dfrac{e_i}{h_0}}\left(\dfrac{l_0}{h}\right)^2 \zeta_c = 1 + \dfrac{1}{1500 \times \dfrac{932}{860}}\left(\dfrac{12.89}{0.9}\right)^2 \times 1.0 = 1.13$

假设为大偏心受压，且中和轴在翼缘内：

$x = \dfrac{N}{\alpha_1 f_c b} = \dfrac{800.13 \times 10^3}{1 \times 14.3 \times 400} = 140\text{mm} > 2a'_s = 80\text{mm} < h'_f = 162.5\text{mm}$

说明中和轴确实在翼缘内。

$e' = \eta_s e_i - \dfrac{h}{2} + a'_s = 1.13 \times 932 - \dfrac{900}{2} + 40 = 643\text{mm}$

$A_s = A'_s = \dfrac{Ne' - \alpha_1 f_c b'_f \cdot x\left(\dfrac{x}{2} - a'_s\right)}{f_y(h_0 - a'_s)}$

$= \dfrac{800.13 \times 10^3 \times 643 - 1 \times 14.3 \times 400 \times 131 \times \left(\dfrac{131}{2} - 40\right)}{360 \times (860 - 40)} = 1678\text{mm}^2$

采用 4C25，$A_s = A'_s = 1964\text{mm}^2$。

（2）按②组内力进行截面设计

$e_0 = \dfrac{544.87 \times 10^6}{268.31 \times 10^3} = 2031\text{mm}$，$e_a = h/30 = 900/30 = 30\text{mm}$

$e_i = e_0 + e_a = 2031 + 30 = 2061\text{mm}$

$A = bh + 2(b_f - b)h_f = 100 \times 900 + 2(400 - 100)(150 - 12.5) = 1.875 \times 10^5\ \text{mm}^2$

$$\zeta_c = \frac{0.5 f_c A}{N} = \frac{0.5 \times 14.3 \times 1.875 \times 10^5}{268.31 \times 10^3} = 4.99 > 1.0，取 \zeta_c = 1.0$$

$$\eta_s = 1 + \frac{1}{1500 \dfrac{e_i}{h_0}} \left(\frac{l_0}{h}\right)^2 \zeta_c = 1 + \frac{1}{1500 \times \dfrac{2063}{860}} \left(\frac{12.89}{0.9}\right)^2 \times 1.0 = 1.06$$

$$x = \frac{N}{\alpha_1 f_c b} = \frac{268.31 \times 10^3}{1 \times 14.3 \times 400} = 46.9\text{mm} < 2 a'_s = 80\text{mm}$$

按 $x = 2 a'_s = 80$mm 计算

$$e' = \eta_s e_i - \frac{h}{2} + a'_s = 1.06 \times 2061 - \frac{900}{2} + 40 = 1775\text{mm}$$

$$A_s = A'_s = \frac{N e'}{f_y (h_0 - a'_s)} = \frac{268.31 \times 10^3 \times 1775}{360 \times (860 - 40)} = 1613\text{mm}^2$$

采用 4C25，$A_s = A'_s = 1964$mm²。

（3）垂直于排架方向的承载力验算

查表可知，有柱间支撑时，垂直排架方向的下柱计算长度为 $0.8H_1 = 0.8 \times 12.89 = 10.31$m。

$$\frac{l_0}{b_f} = \frac{10.31}{0.4} = 25.78，查钢筋混凝土构件的稳定系数表，\varphi = 0.60。$$

$$N_u = 0.9\varphi(f_c A + f'_y A'_s) = 0.9 \times 0.60 \times (14.3 \times 1.875 \times 10^5 + 360 \times 2 \times$$
$$1931) = 2198.65\text{kN} > ①组轴向力 N = 800.13\text{kN}，满足。$$

3. 排架柱的裂缝宽度验算

裂缝宽度应按内力的准永久组合值进行验算。内力组合表中给出的是内力的设计值，因此要将其改为内力的准永久组合值，即把内力设计值乘以准永久组合值系数 ψ_q，再除以活荷载分项系数 $\gamma_Q = 1.5$。风荷载的 $\psi_q = 0$，故不考虑风荷载；不上人屋面的屋面活荷载，其 $\psi_q = 0$，故把它改为雪荷载，即乘以系数 30/50。

（1）上部柱裂缝宽度验算

按荷载准永久组合的公式，可得控制截面 I-I 的准永久组合内力值：

$$M_q = -3.14 + 0 + \left[\frac{0.5}{1.5} \times \frac{30}{50} \times (-1.52) - \frac{0.6}{1.5} \times 33.57 - \frac{0.6}{1.5} \times 15.89\right]$$
$$= 23.23\text{kN} \cdot \text{m}$$

$$N_g = 112.32 + 19.81 + \left(\frac{0.5}{1.5} \times \frac{30}{50} \times 54\right) = 142.93\text{kN}$$

$$W_{max} = \alpha_{cr} \psi \frac{\delta_{sq}}{E_s} \left(1.9 c_s + 0.08 \frac{d_{eq}}{\rho_{te}}\right)$$

$$\rho_{te} = \frac{A_s}{A_{te}} = \frac{A_s}{0.5bh} = \frac{763}{0.5 \times 400 \times 400} = 0.0096 < 0.01，取 \rho_{te} = 0.01$$

$$e_0 = \frac{M_q}{N_g} = \frac{23.23 \times 10^6}{133.3 \times 10^3} = 174\text{mm}, y_s = \frac{h}{2} - a_s = 200 - 40 = 160\text{mm}$$

$$\eta_s = 1 + \frac{1}{4000 \cdot \frac{e_0}{h_0}} \left(\frac{l_0}{h}\right)^2 = 1 + \frac{1}{4000 \times \frac{174}{360}} \left(\frac{2 \times 3.81}{0.4}\right)^2 = 1.19$$

$$e = \eta_s e_0 + y_s = 1.19 \times 174 + 160 = 367\text{mm}$$

$$\gamma'_f = 0$$

$$z = \left[0.87 - 0.12(1 - \gamma'_f)\left(\frac{h_0}{e}\right)^2\right]h_0 = \left[0.87 - 0.12\left(\frac{360}{367}\right)^2\right] \times 360 = 272\text{mm}$$

$$\sigma_{sq} = \frac{N_q(e - z)}{A_s z} = \frac{142.91 \times 10^3 (367 - 272)}{763 \times 272} = 65.42\text{N/mm}^2$$

纵向受拉钢筋外边缘至受拉边的距离为 28mm，近似取 $C_s = 20\text{mm}$。

$$\psi = 1.1 - 0.65 \frac{f_{tk}}{\rho_{te} \sigma_{sq}} = 1.1 - 0.65 \times \frac{2.01}{0.01 \times 65.42} = 负值，取 \psi = 0.2$$

$$W_{max} = \alpha_{cr}\psi\frac{\sigma_{sq}}{E_s}\left(1.9\,c_s + 0.08\frac{d_{eq}}{\rho_{te}}\right) = 1.9 \times 0.2 \times \frac{65.42}{2.0 \times 10^5}$$

$$\times \left(1.9 \times 28 + 0.08 \times \frac{18}{0.01}\right)$$

$$= 0.025\text{mm} < 0.3\text{mm}，满足。$$

（2）下部柱裂缝宽度验算

对Ⅲ-Ⅲ截面内力组合 $+M_{max}$ 及相应 N 的情况进行裂缝宽度验算。

$$M_q = 5.24 + 12.32 + \left[\frac{0.5}{1.5} \times \frac{30}{50} \times 2.48 + \frac{0.6}{1.5} \times (25.54 + 227.07 + 527.31)\right]$$

$$= 329.53\text{kN} \cdot \text{m}$$

$$N_q = 112.32 + 155.99 + \left(\frac{0.5}{1.5} \times \frac{30}{50} \times 54 + \frac{0.6}{1.5} \times 536.91\right) = 450.47\text{kN}$$

$$\rho_{te} = \frac{A_s}{A_{te}} = \frac{A_s}{0.5bh + (b_f - b)h_f}$$

$$= \frac{1964}{0.5 \times 100 \times 900 + (400 - 100) \times 162.5} = 0.021$$

$$y_s = \frac{h}{2} - a_s = 450 - 40 = 410\text{mm}$$

$$e_0 = \frac{M_q}{N_q} = \frac{329.53 \times 10^6}{450.47 \times 10^3} = 732\text{mm}$$

$$\eta_s = 1 + \frac{1}{4000 \cdot \frac{e_0}{h_0}} \left(\frac{l_0}{h}\right)^2 = 1 + \frac{1}{4000 \times \frac{732}{860}} \left(\frac{12.89}{0.9}\right)^2 = 1.06$$

$$e = \eta_s e_0 + y_s = 1.06 \times 732 + 410 = 1186\text{mm}$$

$$\gamma'_f = \frac{(b'_f - b)\,h'_f}{bh} = \frac{(400 - 100) \times 162.5}{100 \times 900} = 0.542$$

$$z = \left[0.87 - 0.12(1 - \gamma'_f)\left(\frac{h_0}{e}\right)^2\right]h_0$$

$$= \left[0.87 - 0.12 \times (1 - 0.542) \times \left(\frac{860}{1186}\right)^2\right] \times 860$$

$$= 723\text{mm}$$

$$\sigma_{sq} = \frac{N_g(e - z)}{A_s z} = \frac{450.47 \times 10^3 \times (1186 - 723)}{1964 \times 723} = 146.88\text{N/mm}^2$$

$$\psi = 1.1 - 0.65\,\frac{f_{tk}}{\rho_{te}\,\sigma_{sq}} = 1.1 - 0.65 \times \frac{2.01}{0.021 \times 146.88} = 0.676$$

$$W_{max} = \alpha_{cr}\psi\frac{\sigma_{sq}}{E_s}\left(1.9\,c_s + 0.08\,\frac{d_{eq}}{\rho_{te}}\right)$$

$$= 1.9 \times 0.676 \times \frac{146.88}{2.0 \times 10^5} \times \left(1.9 \times 28 + 0.08 \times \frac{25}{0.021}\right)$$

$$= 0.140\text{mm} < 0.3\text{mm,满足。}$$

4. 箍筋配置

非地震地区的单层厂房排架柱箍筋一般按构造要求设置。本题均采用$\Phi 8@200$，在牛腿处箍筋加密为$\Phi 8@100$。

5. 牛腿设计

根据吊车梁支承位置，吊车梁尺寸及构造要求，确定牛腿尺寸如图 3-40 所示。牛腿截面宽度 $b = 400\text{mm}$，截面高度 $h = 600\text{mm}$，截面有效高度 $h_0 = 560\text{mm}$。

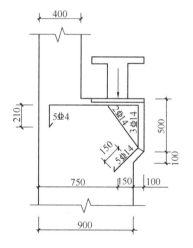

图 3-40 牛腿尺寸及配筋
（单位：mm）

（1）按裂缝控制要求验算牛腿截面高度

作用在牛腿顶面的竖向力标准值

$$F_{vk} = D_{max,k} + F_{4,k} = 357.98 + \frac{57.59}{1.3}$$

$$= 402.28\text{kN}$$

牛腿顶面没有水平荷载，即 $F_{hk} = 0$（T_{max} 作用在上柱轨顶标高处）。

设裂缝控制系数 $\beta = 0.65$，$f_{tk} = 2.01\text{N/mm}^2$，$a = 150 + 20 = -130\text{mm} < 0$，故取 $a = 0$

$$\beta\left(1 - 0.5\,\frac{F_{hk}}{F_{vk}}\right)\frac{f_{tk}bh_0}{0.5 + \dfrac{a}{h_0}} = 0.65 \times \frac{2.01 \times 400 \times 560}{0.5} = 585.31\text{kN} > 402.28\text{kN}，$$

满足。

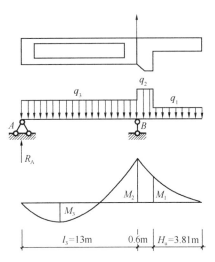

图 3-41 预制柱的翻身起吊验算

（2）牛腿配筋

由于 $a=-130\text{mm}$，故可按构造要求配筋。水平纵向受拉钢筋截面面积 $A_\text{s}\geqslant\rho_\text{min}bh=0.002\times400\times600=480\text{mm}^2$，采用 $5\,\underline{\Phi}\,14$，$A_\text{s}=769\text{mm}^2$，其中 $2\,\underline{\Phi}\,14$ 是弯起钢筋。牛腿处水平箍筋为 $\Phi\,8@400$。

6. 排架柱的吊装验算

（1）计算简图

采用翻身起吊，吊点设在牛腿下部处，因此起吊时的支点有两个：柱底和牛腿底，上柱和牛腿是悬臂的，计算简图如图 3-41 所示。

（2）荷载计算

吊装时应考虑动力系数 $\mu=1.5$，柱自重的重力荷载分项系数取 1.0。

$$q_1=\mu\gamma_\text{G}\,q_{1\text{k}}=1.5\times1.0\times4.0=6.0\text{kN/m}$$

$$q_2=\mu\gamma_\text{G}\,q_{2\text{k}}=1.5\times1.0\times(0.4\times1.0\times25)=15.0\text{kN/m}$$

$$q_3=\mu\gamma_\text{G}\,q_{3\text{k}}=1.5\times1.0\times4.69=7.04\text{kN/m}$$

（3）弯矩计算

$$M_1=\frac{1}{2}q_1H_\text{u}^2=-\frac{1}{2}\times6\times3.81^2=43.55\text{kN}\cdot\text{m}$$

$$M_2=-\frac{1}{2}q_1H_\text{u}\times\left(\frac{H_\text{u}}{2}+0.6\right)-\frac{1}{2}q_2\times(0.6)^2$$

$$=-\frac{1}{2}\times6\times3.81\times\left(\frac{3.81}{2}+0.6\right)-\frac{1}{2}\times15\times(0.6)^2$$

$$=-31.33\text{kN}\cdot\text{m}$$

由 $\Sigma M_\text{B}=0$ 知，$R_3\,l_3-\frac{1}{2}q_3\,l_3^2-M_2=0$

$$R_\text{A}=\frac{1}{2}q_3\,l_3+\frac{M_2}{l_3}=\frac{1}{2}\times7.04\times13-\frac{31.33}{13}=43.32\text{kN}$$

$$M_3=R_\text{B}x-\frac{1}{2}q_3\,x^2$$

令 $\dfrac{\text{d}M_3}{\text{d}x}=0$，得 $x=R_\text{A}/q_3=43.32/7.04=6.15$，故

$$M_3=43.32\times6.15-\frac{1}{2}\times7.04\times6.15^2=133.28\text{kN}\cdot\text{m}$$

（4）截面受弯承载力及裂缝宽度验算

上柱：$M_u = f'_y A'_s (h'_0 - a'_s) = 360 \times 763 \times (360 - 40) = 87.9 \text{kN} \cdot \text{m}$

$> \gamma_0 M_1 = 0.9 \times 43.55 = 39.20 \text{kN} \cdot \text{m}$，满足。

裂缝宽度验算：

$$M_k = \frac{43.55}{1} = 43.55 \text{kN} \cdot \text{m}$$

$$\sigma_{sk} = \frac{M_k}{0.87 h_0 A_s} = \frac{43.55 \times 10^6}{0.87 \times 360 \times 763} = 182 \text{N/mm}^2$$

$$\rho_{te} = \frac{A_s}{0.5bh} = \frac{763}{0.5 \times 400 \times 400} = 0.0096 < 0.01, 取 \rho_{te} = 0.01$$

$$\psi = 1.1 - 0.65 \frac{f_{tk}}{\rho_{te} \sigma_{sk}} = 1.1 - 0.65 \times \frac{2.01}{0.01 \times 182} = 0.38$$

$$W_{max} = \alpha_{cr} \psi \frac{\sigma_{sk}}{E_s} \left(1.9 c_s + 0.08 \frac{d_{eq}}{\rho_{te}} \right)$$

$$= 1.9 \times 0.38 \times \frac{182}{2.0 \times 10^5} \times \left(1.9 \times 28 + 0.08 \times \frac{18}{0.01} \right)$$

$$= 0.12 \text{mm} < 0.3 \text{mm}, 满足。$$

下柱：$M_u = f'_y A'_s (h'_0 - a'_s) = 360 \times 1964 \times (860 - 40) = 579.77 \text{kN} \cdot \text{m}$

$> \gamma_0 M_2 = 0.9 \times 31.33 = 28.20 \text{kN} \cdot \text{m}$，满足。

裂缝宽度验算：

$$M_k = \frac{31.33}{1} = 31.33 \text{kN} \cdot \text{m}$$

$$\sigma_{sk} = \frac{M_k}{0.87 h_0 A_s} = \frac{31.33 \times 10^6}{0.87 \times 860 \times 1964} = 21.32 \text{N/mm}^2$$

$$\rho_{te} = \frac{A_s}{A_{te}} = \frac{A_s}{0.5bh + (b_f - b) h_f}$$

$$= \frac{1964}{0.5 \times 100 \times 900 + (400 - 100) \times 162.5} = 0.021$$

$$\psi = 1.1 - 0.65 \frac{f_{tk}}{\rho_{te} \sigma_{sk}} = 1.1 - 0.65 \times \frac{2.01}{0.021 \times 21.32} = 负值, 取 \psi = 0.2$$

$$W_{max} = \alpha_{cr} \psi \frac{\sigma_{sk}}{E_s} \left(1.9 c_s + 0.08 \frac{d_{eq}}{\rho_{te}} \right)$$

$$= 1.9 \times 0.2 \times \frac{21.32}{2.0 \times 10^5} \times \left(1.9 \times 28 + 0.08 \times \frac{25}{0.01} \right)$$

$$= 0.01 \text{mm} < 0.3 \text{mm}, 满足。$$

3.4.8 绘制施工图

绘制的施工图如图 3-42 所示。

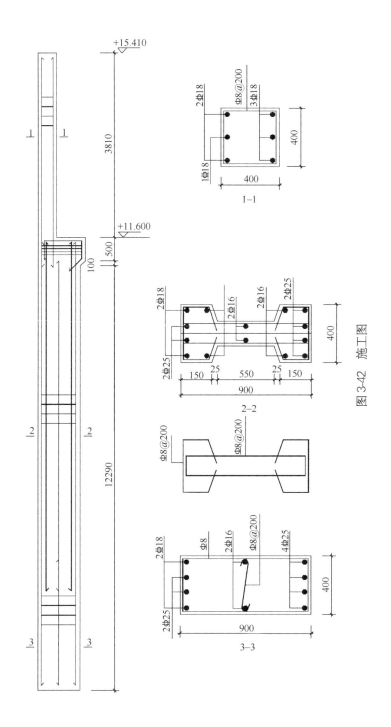

图 3-42　施工图

3.5 单层工业厂房课程设计任务书

3.5.1 设计任务

完成结构选型及结构布置；

编制荷载、内力计算说明书；

内力计算到基础顶面即可，基础设计不作要求；

柱（中柱或边柱）配筋计算；

柱（中柱或边柱）牛腿尺寸确定和配筋计算；

根据计算结果绘制排架柱（中柱或边柱）结构施工图（模板图、配筋图）。

3.5.2 设计资料

吊车工作级别 A5，厂房跨度、吊车起重量和牛腿顶面标高见表 3-11。基本风压为 $0.45kN/m^2$，地面粗糙度为 B 类。外墙为厚 370mm 的烧结黏土空心砌块砌体墙（$8kN/m^2$），窗户为塑钢窗，门为平开钢大门。

单跨厂房设计例题参数　　　　　　　　　　　表 3-11

跨度（m）				18				21				24				27			
吊车起重量（t）			10	15	20	30	10	15	20	30	10	15	20	30	10	15	20	30
牛腿面标高（m）	7.2		1	2	3	4	5	6	7	8	9	10	11	12	13	14	15	16
	7.8		17	18	19	20	21	22	23	24	25	26	27	28	29	30	31	32
	8.4		33	34	35	36	37	38	39	40	41	42	43	44	45	46	47	48
	9.0		49	50	51	52	53	54	55	56	57	58	59	60	61	62	63	64

厂房室内地坪标高为 ±0.000m，室外地坪标高为 −0.300m，基础顶面至室内地面距离自行确定。

1. 屋面做法

二毡三油坊水层上铺小豆石（$0.35kN/m^2$）；

20mm 厚水泥砂浆找平层（$0.4kN/m^2$）；

100mm 厚加气混凝土保温层（$0.60kN/m^2$）；

冷底子油一道、热沥青二道（$0.05kN/m^2$）；

预应力屋面板（自重查相关图集）。

2. 标准构件选用情况

屋面板采用 G410 标准图集中的预应力大型混凝土屋面板，自重标准值为 $1.4kN/m^2$；

天沟板采用 G410 标准图集中的 TGB68-1 沟板，自重标准值为 $1.91kN/m^2$；

屋盖支撑自重 $0.05kN/m^2$（沿水平方向）；

吊车梁采用 G323 标准图集中钢筋混凝土吊车梁，梁高为 1200mm，自重标准值为 39.5kN/根；轨道及零件自重 0.8kN/m，轨道高度取 0.2m；

屋架采用 G415 标准图集中预应力钢筋混凝土折线型屋架，自重 69.0kN/榀，屋架底部至顶部高度为 2950mm，屋架在檐口处高度为 1650mm。

3. 材料选用

混凝土：C30；

钢筋：主要受力钢筋为 HRB335 钢筋，构造钢筋为 HPB235；

钢筋直径 $d<12$mm 时用 HPB235 钢筋；$d \geqslant 12$mm 时用 HRB335 钢筋。

3.5.3　进度安排

周一：荷载计算；

周二：排架内力计算；

周三：内力组合；

周四：柱截面设计；

周五～周日：完成相关施工图。

3.5.4　设计成果

计算书 1 份；排架柱（中柱或边柱）结构施工图（模板图、配筋图）。

3.5.5　设计依据及参考书

(1)《混凝土结构设计规范》GB 50010—2010（2015 年版）；

(2)《建筑结构荷载规范》GB 50009—2012；

(3)《混凝土结构构造手册》；

(4)《混凝土结构设计原理》；

(5)《混凝土结构设计》；

(6) 建标库软件，可以浏览各种规范，可自行百度下载。

第4章 基础工程设计

4.1 地基基础的设计计算内容

基础工程课程设计一般选择扩展基础作为课程设计内容。扩展基础包括钢筋混凝土独立基础、钢筋混凝土条形基础和十字交叉梁基础。扩展基础的抗弯和抗剪性能比较好，可应用于竖向荷载比较大、地基承载力较弱，特别是基底面积大而又需浅埋的情况，故在基础设计中经常采用。

基础在上部结构传来荷载及地基反力作用下产生内力，同时在基底压力作用下在地基内产生附加应力和变形。故基础设计时，不仅要保持基础本身有足够的强度和稳定性以承受上部荷载，还要使地基的强度、稳定性和变形在允许的范围内，因而基础设计又称为地基基础设计，包括地基计算和基础设计两部分。

4.2 地基基础的设计计算方法

地基计算包括承载力计算、变形验算和稳定性验算。《建筑地基基础设计规范》GB 50007—2011 规定：根据建筑物地基基础设计等级及长期荷载作用下地基变形对上部结构的影响程度，地基基础设计应符合下列规定：

（1）所有建筑物的地基计算均应满足承载力计算的有关规定；

（2）设计等级为甲级、乙级的建筑物，均应按地基变形设计；

（3）在一定条件下，部分设计等级为丙级的建筑物可不做变形验算（详见《建筑地基基础设计规范》GB 50007—2011 基本规定）；

（4）对经常受水平荷载作用的高层建筑、高耸结构和挡土墙等，以及建造右斜坡上或边坡附近的建筑物和构筑物，尚应验算其稳定性；

（5）基坑工程应进行稳定性验算；

（6）当地下水埋藏较浅，建筑地下室或地下构筑物存在上浮问题时，尚应进行抗浮验算。

对于扩展基础，由于埋深比较浅，必须进行的地基计算为地基的承载力和变形计算，若建筑物或构筑物建造在斜坡上或边坡附近时，尚应验算其稳定性。

4.2.1 基础的埋置深度确定

基础埋置深度指设计地面（室外）到基础底面的深度。基础埋深直接关系到建筑物的使用功能、稳定性、施工的难易程度和造价。基础的埋深可按下列要求综合确定，并符合在满足地基稳定性和变形要求前提下，尽量浅埋的原则。

1. 满足建筑物的使用功能要求

对建筑功能上要求设置地下室、地下车库或地下设备基础等的建筑物，其基础的埋深应根据建筑物的地下结构标高进行选定。

2. 满足作用在地基上的荷载大小和性质要求

对于荷载大、且又承受风力和地震力等水平荷载的建筑和水塔、烟囱等高耸构筑物，应有足够的埋深以满足抗倾覆稳定性要求。

3. 满足工程地质条件、水文地质条件的要求

基础的地基持力层应尽可能选择承载力高而压缩性小的土层。当上层地基的承载力大于下层土时，宜利用上层土作为持力层。当持力层下存在软弱下卧层时，应同时考虑软弱下卧层的强度和变形要求。基础宜埋置在地下水位以上，当必须埋在水位以下时，应在施工时采取地基土不受扰动的措施。

4. 注意冻土地基的冻胀性和融陷性影响

对于埋置于可冻胀土中的基础，其最小埋深 d_{min} 可按式（4-1）确定：

$$d_{min} = z_d - h_{max} \tag{4-1}$$

式中，z_d（设计冻土深度）和 h_{max}（基底下允许残留冻土层的最大厚度）可按《建筑地基基础设计规范》GB 50007—2011 的有关规定确定。对于冻胀、强冻胀和特强冻胀地基上的建筑物，尚应采取相应的防冻害措施。

5. 考虑场地的环境条件

基础的最小埋深为 0.5m。当存在相邻建筑物时，新建筑物的基础埋深不宜大于原建筑物基础。当埋深大于原有建筑物基础时，两基础间应保持一定的净距，其数值与荷载及土质条件有关，一般取相邻两基础底面高差的 1~2 倍。如这些要求难于满足时，应取适当的施工措施保证相邻建筑物的安全。当基础附近有管道或坑道等地下设施时，基础的埋深一般应低于地下设施的底面。

4.2.2 地基承载力的确定

地基容许承载力的确定通常采用承载力理论公式法、现场荷载试验法和原位测试经验公式法这三类方法。

1. 承载力理论公式法

地基承载力的理论计算公式有很多种，这些理论公式都基于一些假定的基础，因此，各种计算方法均有其各自的适用范围，故各规范推荐采用的理论公式也不同。

当偏心距 e 小于或等于 0.033 倍基础底面宽度时，可以采用《建筑地基基础设计规范》GB 50007—2011，根据地基临界荷载 $p_{1/4}$ 的理论公式，并结合经验给出计算地基承载力特征值的公式。

$$f_a = M_b \gamma b + M_d \gamma_m d + M_c c_k \tag{4-2}$$

式中： f_a——由土的抗剪强度指标确定的地基承载力特征值；

M_b、M_d、M_c——承载力系数，根据土的内摩擦角标准值查表确定（表 4-1）；

γ——基础底面以下土的重度，地下水位以下取浮重度；

γ_m——基础底面以上土重度的加权平均值，地下水位以下取浮重度；

c_k——基底下 1 倍短边宽的深度内土的黏聚力标准值；

b——基础底面宽度，大于 6m 时按 6m 取值，对于砂土小于 3m 时按 3m 取值；

d——基础埋置深度，一般自室外地面标高算起。在填方整平地区，可自填土地面标高算起，但填土在上部结构施工后完成时，应从天然地面标高算起。对于地下室，如采用箱形基础或筏基时，基础埋置深度自室外地面标高算起；当采用独立基础或条形基础时，应从室内地面标高算起。

承载力系数 M_b、M_d、M_c　　　　　　　　　表 4-1

φ_k（°）	M_b	M_d	M_c	φ_k（°）	M_b	M_d	M_c
0	0.00	1.00	3.14	22	0.61	3.44	6.04
2	0.03	1.12	3.32	24	0.80	3.87	6.45
4	0.06	1.25	3.51	26	1.10	4.37	6.90
6	0.10	1.39	3.71	28	1.40	4.93	7.40
8	0.14	1.55	3.93	30	1.90	5.59	7.95
10	0.18	1.73	4.17	32	2.60	6.35	8.55
12	0.23	1.94	4.42	34	3.40	7.21	9.22
14	0.29	2.17	4.69	36	4.20	8.25	9.97
16	0.36	2.43	5.00	38	5.00	9.44	10.80
18	0.43	2.72	5.31	40	5.80	10.84	11.73
20	0.51	3.06	5.66				

注：φ_k——基底下一倍短边宽度的深度范围内土的内摩擦角标准值（°）。

2. 现场荷载试验法

按照荷载板埋置深度，地基的荷载试验分为浅层平板载荷试验和深层平板载荷试验。浅层平板荷载试验适用于确定浅部地基土层的承压板下应力主要影响范围内的承载力，深层平板载荷试验则适用于确定深部地基及大直径桩桩端土层在承压板下应力主要影响范围内的承载力。下面主要介绍浅层平板荷载试验的试验要点。

浅层平板载荷试验的承压板面积不应小 $0.25m^2$，对于软土不应小于 $0.5m^2$；

试验基坑宽度不应小于承压板宽度或直径的 3 倍，并应保持试验土层的原状结构和天然湿度。根据平板载荷试验所得到的 p-s 曲线（图 4-1），分为以下三种情况确定地基容许承载力（或承载力特征值）：

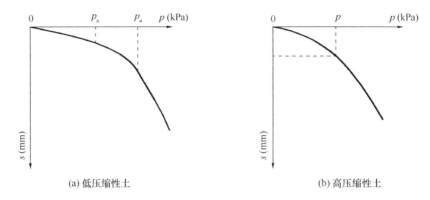

(a) 低压缩性土　　　　　　　　　　　　(b) 高压缩性土

图 4-1　按载荷试验确定承载力特征值

（1）当 p-s 曲线上有比例界限时，取该比例界限所对应的荷载值上；

（2）当极限荷载小于对应比例界限的荷载值的 2 倍时，取极限荷载值的一半；

（3）不能按上述两款要求时，当压板面积为 $0.25\sim0.50\text{m}^2$，可取 $s/b=0.01\sim0.015$ 所对应的荷载，但其值不应大于最大加载量的一半。

3. 原位测试经验公式法

一般指动力触探，国际上广泛应用的是标准贯入试验。由标准贯入锤击数或动力触探锤击数确定地基承载力。这是间接原位测试法，通过大量原位试验和载荷试验的比对，经回归分析并结合经验间接地确定地基承载力。如表 4-2 给出的是砂土按标准贯入试验锤击数（修正后）N 查取承载力特征值的表格。

砂土承载力特征值 f_{ak}（kPa）　　　　　　　　　　　　表 4-2

土类 ＼ N	10	15	30	50
中砂、粗砂	180	250	340	500
粉砂、细砂	140	180	250	340

4.2.3　地基承载力的深宽修正

荷载试验的影响深度约为荷载板宽度的 $2\sim3$ 倍，而荷载板的尺寸一般比真实基础的尺寸小得多，荷载试验的尺寸效应不容忽视。因此，当基础的埋深和宽度与荷载板不同时，应对地基承载力特征值进行深度和宽度修正。对于不同的地基基础规范，其修正公式略有不同。

《建筑地基基础设计规范》GB 50007—2011 规定，当基础宽度大于 3m 或埋置深度大于 0.5m 时，由原位试验（包括载荷试验）和经验公式等方法确定的地基承载力特征值，尚应按式（4-3）修正：

$$f_a = f_{ak} + \eta_b \gamma (b - 3) + \eta_d \gamma_m (d - 0.5) \tag{4-3}$$

式中：f_a——修正后的地基承载力特征值，kPa；

$\quad\quad f_{ak}$——地基承载力特征值，kPa；

$\quad \eta_b$、η_d——分别为基础宽度和埋深的承载力修正系数，按基底下土的类别查表 4-3；承载力系数，根据土的内摩擦角标准值查表确定；

$\quad\quad \gamma$——基础底面以下土的重度，地下水位以下取浮重度，kN/m³；

$\quad\quad \gamma_m$——基础底面以上土重度的加权平均值，地下水位以下取浮重度，kN/m³；

$\quad\quad b$——基础底面宽度，当基宽小于 3m 按 3m 取值，大于 6m 时按 6m 取值；

$\quad\quad d$——基础埋置深度，一般自室外地面标高算起。在填方整平地区，可自填土地面标高算起，但填土在上部结构施工后完成时，应从天然地面标高算起。对于地下室，如采用箱形基础或筏基时，基础埋置深度自室外地面标高算起；当采用独立基础或条形基础时，应从室内地面标高算起。

承载力修正系数《建筑地基基础设计规范》GB 50007—2011　　　表 4-3

土的类别		η_b	η_d
淤泥及淤泥质土		0	1.0
人工填土 e 或 I_L 大于等于 0.85 的黏性土		0	1.0
红黏土	含水比 $\alpha_w > 0.8$	0	1.2
	含水比 $\alpha_w \leqslant 0.8$	0.15	1.4
大面积压实填土	压实系数大于 0.95，黏粒含量 $\rho_c \geqslant 10\%$ 的粉土	0	1.5
	最大干密度大于 2.1t/m³ 的级配砂石	0	2.0
粉土	黏粒含量 $\rho_c \geqslant 10\%$ 的粉土	0.3	1.5
	黏粒含量 $\rho_c < 10\%$ 的粉土	0.5	2.0
e 及 I_L 均小于 0.85 的黏性土		0.3	16
粉砂、细砂（不包括很湿与饱和时的稍密状态）		2.0	3.0
中砂、粗砂、砾砂和碎石土		3.0	4.4

注：1. 强风化和全风化的岩石，可参照所风化成的相应土类取值，其他状态下的岩石不修正；

　　2. 地基承载力特征值按《建筑地基基础设计规范》GB 50007—2011 附录 D 深层平板载荷试验确定时，η_d 取 0；

　　3. 含水比是指土的天然含水量与液限的比值；

　　4. 大面积压实填土是指填土范围大于两倍基础宽度的填土。

4.2.4 地基承载力验算

1. 基础底面的压力，应符合下列规定：

（1）当轴心荷载作用时

$$p_k \leqslant f_a \qquad (4\text{-}4)$$

式中：p_k——相应于作用的标准组合时，基础底面处的平均压力值（kPa）；

f_a——修正后的地基承载力特征值（kPa）。

（2）当偏心荷载作用时，除符合式（4-4）要求外，尚应符合下式规定：

$$p_{kmax} \leqslant 1.2 f_a \qquad (4\text{-}5)$$

式中：p_{kmax}——相应于作用的标准组合时，基础底面边缘的最大压力值（kPa）。

2. 基础底面的压力，可按下列公式确定：

（1）当轴心荷载作用时

$$p_k = \frac{F_k + G_k}{A} \qquad (4\text{-}6)$$

式中：F_k——相应于作用的标准组合时，上部结构传至基础顶面的竖向力值（kN）；

G_k——基础自重和基础上的土重（kN）；

A——基础底面面积（m²）。

（2）当偏心荷载作用时

$$p_{kmax} = \frac{F_k + G_k}{A} + \frac{M_k}{W} \qquad (4\text{-}7)$$

$$p_{kmin} = \frac{F_k + G_k}{A} - \frac{M_k}{W} \qquad (4\text{-}8)$$

式中：M_k——相应于作用的标准组合时，作用于基础底面的力矩值（kN·m）；

W——基础底面的抵抗矩（m³）；

p_{kmin}——相应于作用的标准组合时，基础底面边缘的最小压力值（kPa）。

（3）当基础底面形状为矩形且偏心距 $e > b/6$ 时（图 4-2），p_{kmax} 应按下式计算：

$$p_{kmin} = \frac{2(F_k + G_k)}{3la} \qquad (4\text{-}9)$$

式中：l——垂直于力矩作用方向的基础底面边长（m）；

a——合力作用点至基础底面最大压力边缘的距离（m）。

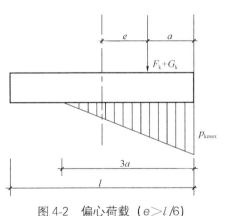

图 4-2 偏心荷载（$e > l/6$）
下基底压力计算示意
（l 为力矩作用方向的基础底面边长）

4.2.5　地基软弱下卧层承载力验算

当地基受力层范围内有软弱下卧层时，应符合下列规定：

（1）应按下式验算软弱下卧层的地基承载力：

$$p_z + p_{cz} \leqslant f_{az} \tag{4-10}$$

式中：p_z——相应于作用的标准组合时，软弱下卧层顶面处的附加压力值（kPa）；

　　　p_{cz}——软弱下卧层顶面处土的自重压力值（kPa）；

　　　f_{az}——软弱下卧层顶面处经深度修正后的地基承载力特征值（kPa）。

为简化计算，可以按照简单的应力扩散原理来计算软弱下卧层顶面处的附加压力值。如图 4-3 所示，作用在基底面处的附加压力 $p_0 = p_k - p_c$。以扩散角 θ 向下传递，均匀地分布在下卧层上。扩散后作用在下卧层顶面处的合力与扩散前在基底处的合力应相等，即：

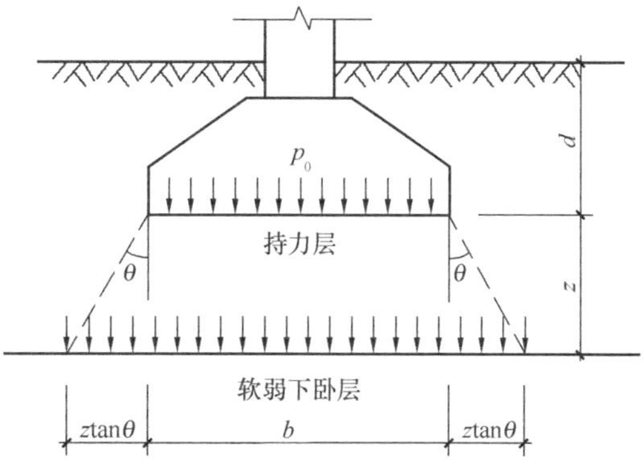

$$p_0 A = p_z A' \tag{4-11}$$

式中：A——基础底面积，m^2；

　　　A'——基础底面积以扩散

图 4-3　软卧下卧层顶面附加应力计算

角 θ 扩散到下卧层顶面处的面积，m^2。

从而可求得软卧下卧层顶面处附加应力 p_z 的计算公式为：

$$p_z = \frac{p_0 A}{A'} \tag{4-12}$$

（2）对条形基础和矩形基础，式（4-10）中的 p_z 值可按下列公式简化计算：

条形基础

$$p_z = \frac{b(p_k - p_c)}{b + 2z\tan\theta} \tag{4-13}$$

矩形基础

$$p_z = \frac{lb(p_k - p_c)}{(b + 2z\tan\theta)(l + 2z\tan\theta)} \tag{4-14}$$

式中：b——矩形基础或条形基础底边的宽度（m）；

　　　l——矩形基础底边的长度（m）；

　　　p_c——基础底面处土的自重压力值（kPa）；

z——基础底面至软弱下卧层顶面的距离（m）；

θ——地基压力扩散线与垂直线的夹角（°），可按表 4-4 采用。

地基压力扩散角 θ　　　　　　　　　　　　　　　　表 4-4

E_{s1}/E_{s2}	z/b	
	0.25	0.50
3	6°	23°
5	10°	25°
10	20°	30°

注：1. E_{s1} 为上层土压缩模量，E_{s2} 为下层土压缩模量；

　　2. $z/b<0.25$ 时取 $\theta=0°$，必要时，宜由试验确定；$z/b>0.5$ 时 θ 值不变；

　　3. z/b 在 0.25 与 0.5 之间可插值使用。

4.2.6　地基变形验算

按地基承载力选定基础底面尺寸，一般可保证建筑物在防止地基剪切破坏方面具有足够的安全度。但是，在荷载作用下，地基的变形总要发生，故还需保证地基变形控制在允许范围内，以保证上部结构不因地基变形过大而丧失其使用功能。

根据各类建筑物的结构特点、整体刚度和使用要求的不同，地基变形的特征可分为沉降量、沉降差、倾斜、局部倾斜。每一个具体建筑物的破坏或正常使用，都是由变形特征指标控制的。对于砌体承重结构应由局部倾斜值控制；对于框架结构和单层排架结构应由相邻柱基的沉降差控制；对于多层或高层建筑和高耸结构应由倾斜值控制，必要时尚应控制平均沉降量。设计时要满足地基变形计算值不大于地基变形允许值的条件。

计算地基变形时，地基内的应力分布，可采用各向同性均质线性变形体理论。地基的最终沉降量可按下式计算：

$$S = \psi_s \cdot S' = \psi_s \sum_{i=1}^{n} \frac{p_0}{E_{si}} (z_i \bar{a}_i - z_{i-1} \bar{a}_{i-1}) \tag{4-15}$$

式中：S——地基最终沉降量；

　　　S'——按分层总和法计算出的地基沉降量；

　　　ψ_s——沉降计算经验系数，根据地区沉降观测资料及经验确定，无地区经验时可采用表 4-5 的数值；

　　　n——地基沉降计算深度 z_n 范围内所划分的土层数；

　　　p_0——对应于荷载标准值时的基础底面处的附加压力；

　　　E_{si}——基础底面下第 i 层土的压缩模量，按实际应力范围取值；

z_i、z_{i-1}——基础底面至第 i 层土、第 $i-1$ 层土底面的距离；

$\bar{a}_i$、$\bar{a}_{i-1}$——基础底面计算点至第 i 层土、第 $i-1$ 层土底面范围内平均附加应力系数，可按《建筑地基基础设计规范》GB 50007—2011 附录 K 采用。

$\overline{E}_s$ (MPa)　　基底附加压力	2.5	4.0	7.0	15.0	20.0
$p_0 \geqslant f_{ak}$	1.4	1.3	1.0	0.4	0.2
$p_0 \leqslant 0.75 f_{ak}$	1.1	1.0	0.7	0.4	0.2

沉降计算经验系数 ψ_s 　　　　　　表 4-5

注：$\overline{E}_s$ 为变形计算深度范围内压缩模量的当量值。

地基变形计算深度之 z_n，应符合下式要求：

$$\Delta s'_n \leqslant 0.025 \sum_{i=1}^{n} \Delta s'_i \qquad (4-16)$$

式中：$\Delta s'_n$——由计算深度向上取厚度为 Δz 的土层计算沉降值，Δz 值按表 4-6 确定；

$\Delta s'_i$——在计算深度范围内，第 i 层土的计算沉降值。

Δz 值　　　　　　表 4-6

b (m)	$2<b\leqslant4$	$4<b\leqslant8$	$8<b$
Δz (m)	0.6	0.8	1.0

当无相邻荷载影响且基础宽度在 1～30m 范围内时，基础中点的地基沉降计算深度也可按下列简化公式计算：

$$z_n = b(2.5 - 0.4\ln b) \qquad (4-17)$$

式中：b——基础宽度。

当计算深度在土层分界面附近时，如下层土较硬，可取土层分界面的深度为计算深度；如下层土较软，应继续计算；在计算深度范围内有基岩时，z_n 即取基岩表面。

在地基变形计算时，当建筑物基础埋置较深时，需要考虑开挖基坑地基土的回弹。独立基础一般埋深较浅，可不考虑开挖基坑地基土的回弹。

4.2.7　稳定性计算

（1）地基稳定性可以采用圆弧滑动面法进行计算。最危险的滑动面上各力对滑动中心所产生的抗滑力矩与滑动力矩应满足下式要求：

$$M_R/M_S \geqslant 1.2 \qquad (4-18)$$

式中：M_R——抗滑力矩，kN·m；

M_S——滑动力矩，kN·m。

（2）位于稳定土坡坡顶上的建筑，应符合下列规定：

对于条形基础或矩形基础位于稳定土坡顶上的建筑，当与坡顶边缘线垂直的基础底面边长小于或等于 3m 时，其基础底面外边缘线至坡顶的水平距离

（图 4-4）应满足下列公式要求，但不
得小于 2.5m。

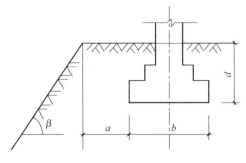

$$条形基础：a \geqslant 3.5b - \frac{d}{\tan \beta}$$

$$（4\text{-}19a）$$

$$矩形基础：a \geqslant 2.5b - \frac{d}{\tan \beta}$$

$$（4\text{-}19b）$$

图 4-4　基础底面外边缘线至
坡顶的水平距离示意

式中：a——基础底面外边缘线至坡
　　　　顶的水平距离，m；

　　　b——垂直于坡顶边缘线的基础底面边长，m；

　　　d——基础埋置深度，m；

　　　β——边坡坡角，（°）。

当基础底面外边缘线至坡顶的水平距离不满足式（4-19a）、式（4-19b）的
要求时，可根据基底平均压力按式（4-18）确定基础距坡顶边缘的距离和基础埋
置深度。

当边坡坡角大于 45°、坡高大于 8m 时，尚应按式（4-18）验算坡体稳定性。

（3）建筑物基础存在浮力作用时应进行抗浮稳定性验算，并应符合下列
规定：

对于简单的浮力作用情况，基础抗浮稳定性应符合下式要求：

$$\frac{G_{\text{k}}}{N_{\text{w,k}}} \geqslant K_{\text{w}}$$

$$（4\text{-}20）$$

式中：G_{k}——建筑物自重及压重之和（kN）；

　　　$N_{\text{w,k}}$——浮力作用值（kN）；

　　　K_{w}——抗浮稳定安全系数，一般情况下可取 1.05。

抗浮稳定性不满足设计要求时，可采用增加压重或设置抗浮构件等措施。在
整体满足抗浮稳定性要求而局部不满足时，也可采用增加结构刚度的措施。

4.3　柱下独立基础设计

钢筋混凝土柱下独立基础形式主要有现浇柱锥形或阶梯形基础、预制柱
杯形基础和高杯口基础。独立基础的设计主要从构造要求和受力计算两方面
进行。

4.3.1 构造要求

1. 垫层

垫层厚度一般为 100mm，两边伸出底板 50mm，采用的混凝土强度等级应为 C15。

2. 底板

锥形基础的边缘高度，不宜小于 200mm，顶部每边应沿柱边放出 50mm；阶梯形基础的每阶高度，宜为 300~500mm。

底板受力钢筋的最小直径不宜小于 10mm；间距不宜大于 200mm，也不宜小于 100mm。

当柱下钢筋混凝土独立基础的边长大于或等于 2.5m 时，底板受力钢筋的长度可取边长的 0.9 倍，并宜交错布置（图 4-5）。

当有垫层时钢筋保护层的厚度不小于 40mm；无垫层时不小于 70mm。

为防止在柱的吊装过程中，柱冲击杯底底板造成底板破坏，基础的杯底厚度 a_1 应符合表 4-7 的要求。考虑到柱吊装时杯壁将受到水平推力的作用，同时为保证杯壁具有足够的承载力，要求杯口顶部壁厚 t 符合表 4-7 的规定。

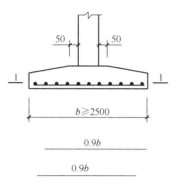

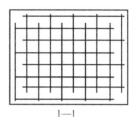

图 4-5 基础底板受力钢筋布置示意图

基础的杯底厚度和杯壁厚度   表 4-7

柱截面长边尺寸 h（mm）	杯底厚度 a_1（mm）	杯壁厚度 t（mm）
$h<500$	≥150	150~200
$500≤h<800$	≥200	≥200
$800≤h<1000$	≥200	≥300
$1000≤h<1500$	≥250	≥350
$1500≤h<2000$	≥300	≥400

注：1. 双肢柱的杯底厚度值可适当加大；

2. 当有基础梁时，基础梁下杯壁厚度应满足其支承宽度的要求；

3. 柱子插入杯口部分的表面应凿毛，柱子与杯口之间的空隙应用比基础混凝土强度等级高一级的细石混凝土充填密实，当达到材料设计强度的 70% 以上时，方可进行上部结构吊装。

当柱为轴心受压或小偏心受压且 $t/h_2≥0.65$ 时，或大偏心受压且 $t/h_2≥0.75$ 时，杯壁可不配筋；当柱为轴心受压或小偏心受压且 $0.5≤t/h_2<0.65$ 时，杯壁可按表 4-8 配制构造配筋；其他情况下，应按计算配筋。

杯壁构造配筋			表 4-8
柱截面长边尺寸（mm）	$h<1000$	$1000 \leqslant h<1500$	$1500 \leqslant h<2000$
钢筋直径（mm）	$8 \sim 10$	$10 \sim 12$	$12 \sim 16$

注：表中的钢筋置于杯口顶部，每边两根。

3. 基础与柱的连接

钢筋混凝土柱和剪力墙纵向受力钢筋在基础内的锚固长度 l_a 应根据钢筋在基础内的最小保护层厚度按现行《混凝土结构设计规范》GB 50010—2010（2015年版）有关规定确定。

有抗震设防要求时，纵向受力钢筋的最小锚固长度 l_{aE} 应按下式计算：

一、二级抗震等级 $l_{aE}=1.15l_a$；

三级抗震等级 $l_{aE}=1.05l_a$；

四级抗震等级 $l_{aE}=l_a$。

式中，l_a——纵向受拉钢筋的锚固长度。

现浇柱的基础，其插筋的数量、直径以及钢筋种类应与柱内纵向受力钢筋相同。插筋的锚固长度应满足上述要求，插筋与柱的纵向受力钢筋的连接方法，应符合现行《混凝土结构设计规范》GB 50010—2010（2015年版）的规定。插筋的下端宜做成直钩放在基础底板钢筋网上。当符合下列条件之一时，可仅将四角的插筋伸至底板钢筋网上，其余插筋锚固在基础顶面下 l_a 或 l_{aE}（有抗震设防要求时）处（图 4-6）。

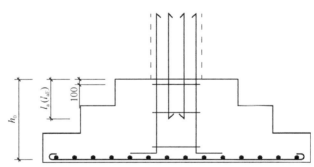

图 4-6　现浇柱的基础中插筋构造示意

（1）柱为轴心受压或小偏心受压，基础高度大于等于 1200mm；

（2）柱为大偏心受压，基础高度大于等于 1400mm。

为保证预制钢筋混凝土柱与杯形基础的连接为刚接，柱插入基础杯口中的深度 h_1 应符合表 4-9 的要求；同时还应满足柱中受力钢筋的锚固长度 l_a 的要求和柱吊装时的稳定性要求（此时，h_1 不应小于柱吊装时长度的 5%）。考虑基础杯口底部将铺设 50mm 厚的细石混凝土层，故杯口深度为 h_1+50mm（图 4-7）。

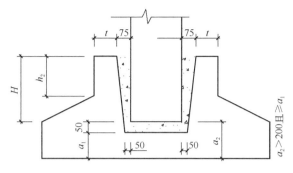

图4-7 杯形基础的尺寸构造

柱的插入深度 h_t（mm） 表4-9

矩形或工字形柱				双肢柱
$h<500$	$500\leqslant h<800$	$800\leqslant h\leqslant 1000$	$h>1000$	
$h\sim 1.2h$	h	$0.9h$ 且$\geqslant 800$	$0.8h$ 且$\geqslant 1000$	$(1/3\sim 2/3)\,h_a$ $(1.5\sim 1.8)\,h_b$

注：1. h 为柱截面长边尺寸；h_a 为双肢柱全截面长边尺寸；h_b 为双肢柱全截面短边尺寸。

2. 柱轴心受压或小偏心受压时，h_t 可适当减小，偏心距大于 $2h$ 时，h_t 应适当加大。

4. 高杯口基础

为了解决基底标高不同而杯口标高相同的矛盾，高差不大时，可增加垫层厚度；高差大时，宜采用高杯口基础（即短柱基础）。这种基础的杯口下面是一个短柱，可按偏心受压杆件计算。基础底面尺寸、底板配筋计算及预制柱与高杯口基础的连接所需插入深度均与一般杯口基础相同。高杯口基础的杯壁配筋在满足一定条件后可按构造要求进行设计。

4.3.2 轴心受压柱下基础设计

1. 柱下独立基础底面尺寸的确定

在上部结构传至基础顶面的轴心力 F_k、基础自重以及基础上部的土重 G_k 的共同作用下，基础底面的压应力呈均匀分布，如图4-8所示。设计时要求基础底面压应力不大于地基承载力特征值 f_a，即：

$$p_k = \frac{N_k + G_k}{A} \leqslant f_a \qquad (4\text{-}21)$$

式中：p_k——相应于荷载效应标准组合时，基础底面处的平均压力值；

f_a——修正后的地基承载力特征值；

N_k——相应于荷载效应标准组合时，上部结构传至基础顶面的竖向力值；

A——基础底面积，$A=lb$，其中 l、b 为基础底面长度和宽度；

G_k——基础自重和基础上的土重。

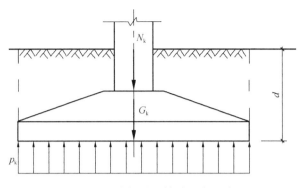

图 4-8　轴心受压基础压力分布

　　若基础的埋置深度为 d，基础及上填土的平均重度为 γ_G（一般可近似取 $\gamma_G=20\mathrm{kN/m^3}$），$G_k=\gamma_G dA$，则将其代入式（4-21），可得基础底面积为：

$$A = \frac{N_k}{f_a - \gamma_G d} \tag{4-22}$$

　　设计时，先按式（4-22）算得基础底面积 A，再选定基础宽度 b，即可求得另一个边长 l，当采用正方形时，$l=b=\sqrt{A}$。

　　2. 柱下独立基础高度的确定

　　（1）有关尺寸构造要求。杯形基础的边缘高度如图 4-7 所示，对锥形基础，其边缘高度 a_2 不宜小于 200mm；对阶梯形基础，则其每阶高度宜为 300～500mm。基础底面一般为矩形，其长、宽边长之比值范围为 1～2。

　　（2）受冲切承载力验算。由于基础及其上土的自重引起的向上的地基反力与向下的基础及其上土的自重相互抵消，因此，基础承载力计算时，不考虑此部分反力，采用地基净反力 P_j，如图 4-9（a）所示。对轴心受压基础，由上部结构传至基础顶面的竖向压力设计值 N 在基础压面产生的地基净反力 P_j 为：

$$P_j = \frac{N}{A} \tag{4-23}$$

　　当基础高度 h 较小时，在地基净反力 P_j 作用下，柱与基础交接处将产生与基础底面约为 45°的斜裂缝而破坏，称之为冲切破坏。此时，柱下将形成冲切破坏锥体，如图 4-9（a）所示。同样，当基础变阶处高度 h_1 较小时，也将发生冲切破坏，如图 4-9（b）所示。为防止发生这种破坏，应对柱与基础交接处以及基础变阶处进行受冲切承载力验算，即符合下式要求：

$$F_l \leqslant 0.7\beta_{hp} f_t a_m h_0 \tag{4-24}$$

$$F_l = P_j A_l \tag{4-25}$$

$$a_m = \frac{a_t + a_b}{2} \tag{4-26}$$

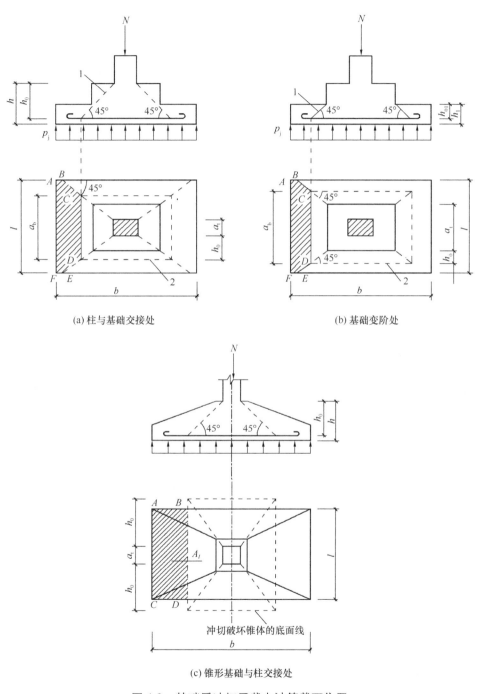

(a) 柱与基础交接处　　　　　　　(b) 基础变阶处

(c) 锥形基础与柱交接处

图 4-9　基础受冲切承载力计算截面位置

1—冲切破坏锥体最不利一侧的斜截面；2—冲切破坏锥体的底面线

式中：F_l——冲切荷载设计值。

　　0.7——锥体斜面上的拉应力不均匀系数。

　　β_{hp}——截面高度影响系数，当 h 不大于 800mm 时，β_{hp} 取 1.0；当 h 不小于 2000mm 时，β_{hp} 取 0.9，其间按线性内插法取用。

　　f_t——基础的混凝土轴心抗拉强度设计值。

　　h_0——基础冲切破坏锥体的有效高度，当计算柱与基础交接处的受冲切承载力时，取基础的有效高度 h_0；当计算基础变阶处的受冲切承载力时，取下阶的有效高度 h_{01}，如图 4-9（b）所示。

　　a_m——冲切破坏锥体最不利一侧的计算长度。

　　a_t——冲切破坏锥体最不利一侧斜截面的上边长，当计算柱与基础交接处的受冲切承载力时，取柱宽；当计算基础变阶处的受冲切承载力时，取上阶宽。

　　a_b——冲切破坏锥体最不利一侧斜截面在基础底面积范围内的下边长，当冲切破坏锥体的底面落在基础底面以内，如图 4-9（a）和图 4-9（b）所示，计算柱与基础交接处的受冲切承载力时，取柱宽加两倍的基础有效高度；当计算基础变阶处的受冲切承载力时，取上阶宽加两倍该处的基础有效高度，当冲切破坏锥体的底面在 l 方向落在基础底面以外时，如图 4-9（c）所示，取基础宽度 l。

　　A_l——冲切验算时取用的部分基底面积，即图 4-9（a）、图 4-9（b）和图 4-9（c）中的阴影面积。

当不能满足式（4-24）的要求时，应考虑增大柱与基础交接处的基础高度以及基础变阶处下阶基础的高度。

1）当 $l \geqslant a_t + 2h_0$ 时，冲切破坏锥体的底面落在基础底面以内 [图 4-9（a）]

验算柱与基础交接处的受冲切承载力时，冲切验算时取用的部分基底面积按下式计算：

$$A_l = \left(\frac{b}{2} - \frac{b_0}{2} - h_0 \right)l - \left(\frac{l}{2} - \frac{l_0}{2} - h_0 \right)^2 \tag{4-27}$$

式中：l_0、b_0——柱截面的宽、长。

当验算变阶处的受冲切承载力时 [图 4-9（b）]，上式中的 l_0、b_0 应改为上阶短边和长边。

2）当 $l < a_t + 2h_0$ 时，冲切破坏锥体的底面在 l 方向落在基础底面以外 [图 4-9（c）]

验算柱与基础交接处的受冲切承载力时，冲切验算时取用的部分基底面积按下式计算：

$$A_l = \left(\frac{b}{2} - \frac{b_0}{2} - h_0 \right)l \tag{4-28}$$

当验算变阶处的受冲切承载力时，上式中的 b_0 应改为上阶长边。

如果冲切破坏锥体的底面全部落在基础底面以外，则基础为刚性基础，不会产生冲切破坏，无须进行冲切验算。

3. 柱下独立基础配筋计算

配筋计算的控制截面，一般取在柱与基础交接处及变阶处（对阶形基础）。计算两个方向的弯矩时，把基础视作固定在柱周边的四面挑出的悬臂板（图 4-10）。当基础台阶的高宽比小于或等于 2.5 时，可按下述有关公式计算。

为简化计算，将基础底板划分为四个区块，每个区块都可看作是固定于柱边的悬臂板。且区块之间无联系，如图 4-10 所示。因此，柱边处截面Ⅰ-Ⅰ和截面Ⅱ-Ⅱ的弯矩设计值，分别等于作用在

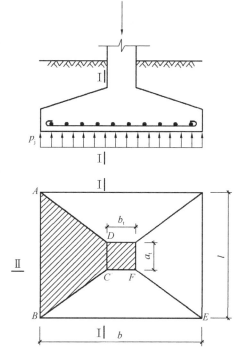

图 4-10　轴心受压基础底板配筋计算图

梯形 $ABCD$ 和 $BCFE$ 上的总地基净反力乘以其面积形心至柱边截面的距离，如图 4-10 所示，即：

$$M_{\mathrm{I}} = \frac{p_{\mathrm{j}}}{24}(b - b_{\mathrm{t}})^2(2l + a_{\mathrm{t}}) \tag{4-29}$$

$$M_{\mathrm{II}} = \frac{p_{\mathrm{j}}}{24}(l - a_{\mathrm{t}})^2(2b + b_{\mathrm{t}}) \tag{4-30}$$

式中：M_{I}、M_{II}——截面Ⅰ-Ⅰ和截面Ⅱ-Ⅱ处相应于荷载效应基本组合的弯矩设计值。

$\qquad p_{\mathrm{j}}$——相应于荷载效应基本组合的地基净反力。

其余符号意义如图 4-10 所示。

Ⅰ-Ⅰ截面和Ⅱ-Ⅱ截面的受力钢筋可以按下式近似计算：

$$A_{s\mathrm{I}} = \frac{M_{\mathrm{I}}}{0.9 h_0 f_{\mathrm{y}}} \tag{4-31}$$

$$A_{s\mathrm{II}} = \frac{M_{\mathrm{II}}}{0.9(h_0 - d) f_{\mathrm{y}}} \tag{4-32}$$

式中：h_0——截面Ⅰ-Ⅰ处基础的有效高度，$h_0 = h - a_{\mathrm{s}}$，当基础下有混凝土垫层时取 $a_{\mathrm{s}} = 40\mathrm{mm}$，无混凝土垫层时取 $a_{\mathrm{s}} = 70\mathrm{mm}$；

f_y——基础底板钢筋抗拉强度设计值；

d——钢筋直径。

4.3.3　偏心受压柱下基础设计

1. 柱下独立基础底面尺寸的确定

偏心受压时，基础底面的压力为线性分布，如图 4-11 所示，则基础底面边缘的压力可按下式计算，即：

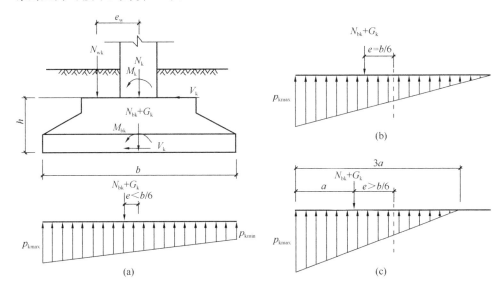

图 4-11　偏心受压基础压力分布

$$\begin{matrix} p_{kmax} \\ p_{kmin} \end{matrix} = \frac{N_{bk}}{A} \pm \frac{M_{bk}}{W} \tag{4-33}$$

式中：p_{kmax}、p_{kmin}——相应于荷载效应标准组合时基础底面边缘的最大和最小压力值。

W——基础底面的抵抗矩，$W = lb^2/6$；l 为垂直于力矩作用方向的基础底面边长。

N_{bk}、M_{bk}——相应于荷载效应标准组合时，作用于基础底面的竖向压力标准值和弯矩标准值，按下列式子计算，即

$$N_{bk} = N_k + G_k + N_{wk} \tag{4-34}$$

$$M_{bk} = M_k + V_k h \pm N_{wk} e_w \tag{4-35}$$

式中：N_k、M_k、V_k——按荷载效应标准组合时作用于基础顶面处的轴力、弯矩和剪力的标准值。

N_{wk}——相应于荷载效应标准组合时基础梁传来的竖向力标准值。

e_w——基础梁中心线至基础底面中心线的距离。

h——按经验初步拟定的基础高度。

令 $e_0 = M_{bk}/N_{bk}$，并将 $W = lb^2/6$ 代入式（4-33），则式（4-33）可表达为：

$$p_{kmax} \atop p_{kmin} = \frac{N_{bk}}{lb}\left(1 \pm \frac{6e_0}{b}\right) \tag{4-36}$$

由上式可知，当 $e_0 < b/6$ 时，$p_{kmin} > 0$，地基反力呈梯形分布，表示基底全部受压 [图 4-11（a）]；当 $e_0 = b/6$ 时，$p_{kmin} = 0$，地基反力呈三角形分布，基底亦为全部受压 [图 4-11（b）]；当 $e_0 > b/6$ 时，$p_{kmin} < 0$，由于基础底面与地基土的接触面间不能承受拉力，故说明基础底面的一部分不与地基土接触，而基础底面与地基土接触的部分其反力仍呈三角形分布 [图 4-11（c）]，根据力的平衡条件，可求得基础底面边缘的最大压力值为：

$$p_{kmax} = \frac{2N_{bk}}{3kl} \tag{4-37}$$

式中：k——基础底面竖向压力 N_{bk} 作用点至基础底面边缘最大压力的距离，$k = \frac{1}{2}b - e_0$。

通常可以采用试算法来确定偏心受压基础的底面尺寸。

（1）按轴心受压基础初步估算基础的底面面积。先按式（4-22）计算底面面积，再考虑基础底面弯矩的影响，将基础底面积适当增加 $10\% \sim 40\%$，初步选定基础底面的边长 l 和 b。

（2）计算基础底面内力。按式（4-34）、式（4-35）分别计算基础底面处的轴向压力和弯矩值。

（3）计算基底压力。当 $e_0 \leqslant b/6$ 时计算 p_{kmax} 和 p_{kmin}；当 $e_0 > b/6$ 时，计算 p_{kmax}。

（4）验算地基承载力。对于偏心受压基础，基础底面的压力值应符合下式要求：

$$p_k = \frac{p_{kmax} + p_{kmin}}{2} \leqslant f_a \tag{4-38}$$

$$p_{kmax} \leqslant 1.2f_a \tag{4-39}$$

2. 柱下独立基础高度的确定

确定偏心受压基础高度的方法与前述的轴心受压基础相同。基础的受冲切承载力仍按式（4-24）进行验算，但计算冲切荷载设计值 F_l 时，考虑地基净反力分布不均匀的影响，F_l 按下式计算：

$$F_l = p_{jmax}A_l \tag{4-40}$$

式中：p_{jmax}——由柱传至基础顶面的竖向压力设计值 N、弯矩设计值 M 和剪力设计值 V（不包括其上土的自重），在基础底面产生的最大地基净反力（图 4-12）；

A_l——冲切验算时取用的部分基底面积，即图 4-12 中的阴影部分。

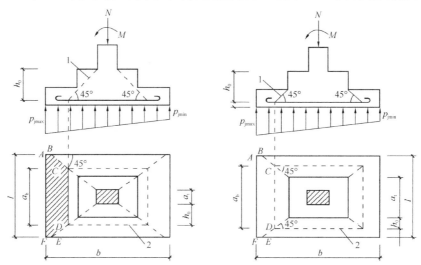

图 4-12　偏心受压基础受冲切验算

1—冲切破坏锥体最不利一侧的斜截面；2—冲切破坏锥体的底面线

3. 柱下独立基础配筋计算

当偏心距小于或等于 1/6 基础宽度时，沿弯矩作用方向在任意截面 I-I 处及垂直于弯矩作用方向在任意截面 II-II 处（图 4-13）相应于荷载效应基本组合时的弯矩设计值 M_I、M_{II}，可分别按下列公式计算，即：

$$M_I = \frac{1}{12}a_1^2\big[(2l+a')(p_{jmax}+p_{jI}) + (p_{jmax}-p_{jI})l\big] \qquad (4\text{-}41)$$

$$M_{II} = \frac{1}{48}(l-a')^2(2b+b')(p_{jmax}+p_{jmin}) \qquad (4\text{-}42)$$

式中：p_{jmax}、p_{jmin}——相应于荷载效应基本组合时基础底面边缘的最大和最小地基净反力设计值；

a_1——任意截面 I-I 至基底边缘最大反力处的距离；

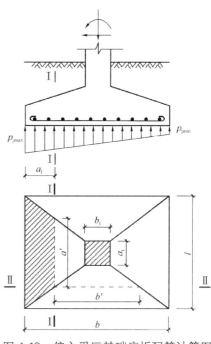

图 4-13　偏心受压基础底板配筋计算图

p_{JI} —— 相应于荷载效应基本组合时，在任意截面 I-I 处基础底面地基净反力设计值。

其余符号意义如图 4-13 所示。

当偏心距大于 1/6 基础宽度时，沿弯矩作用方向基础底面一部分将出现零应力，其反力呈三角形分布。在沿弯矩作用方向上，任意截面 I-I 处相应于荷载效应基本组合时的弯矩设计值 M_{I} 仍可按式（4-41）计算；在垂直于弯矩作用方向上，任意截面处相应于荷载效应基本组合时的弯矩设计值 M_{II} 应按实际反力分布计算，在设计时，为简化计算，也可偏于安全地取 $p_{\mathrm{jmin}}=0$，然后计算。

当按上式求得弯矩设计值 M_{I}、M_{II} 后，其相应的基础底板受力钢筋截面面积可近似地进行计算。

对于阶形基础，尚应进行变阶截面处的配筋计算，并比较由上述所计算的配筋及变阶截面处的配筋，取二者较大者作为基础底板的最后配筋。

4.4 柱下独立基础设计实例

4.4.1 基本条件

某框架结构独立基础，采用荷载标准组合时，基础受到的荷载为：竖向荷载 $F_{\mathrm{k}}=1050\mathrm{kN}$，弯矩 $M_{\mathrm{k}}=105\mathrm{kN\cdot m}$，水平荷载 $Q_{\mathrm{k}}=67\mathrm{kN}$。柱截面尺寸为 $500\mathrm{mm}\times300\mathrm{mm}$，下卧层为淤泥，$f_{\mathrm{ak}}=78\mathrm{kN/mm^2}$，其他有关数据如图 4-14 所示。试设计该柱下钢筋混凝土独立基础。

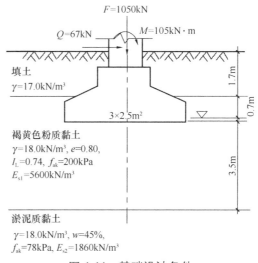

图 4-14 基础设计条件

4.4.2 柱下独立基础设计

1. 基础底面积的确定

初步选定基础埋深为 2.4m，假定基础宽度不超过 3m。基础持力层为粉质黏土，地基承载力计算如下：

$$\eta_{\mathrm{b}}=0.3，\eta_{\mathrm{d}}=1.6$$

$$\gamma_{\mathrm{m}}=\frac{17\times1.7+18\times0.7}{2.4}=17.3\ \mathrm{kN/m^3}$$

修正后的地基承载力特征值为：

$$f_a = f_{ak} + \eta_b \gamma (b-3) + \eta_d \gamma_m (d-0.5)$$
$$= 200 + 0.3 \times (18-10) \times (3-3) + 1.6 \times 17.3 \times (2.4-0.5)$$
$$= 200 + 0 + 52.592$$
$$= 253 \text{kPa}$$

按中心荷载初估基底面积为：

$$A_l = \frac{F_k}{f_a - \gamma_G d} = \frac{1050}{253 - 20 \times 2.4} = 5.1 \text{m}^2$$

考虑偏心作用将基底面积扩大 1.3 倍。

$A = 1.3 A_l = 6.6 \text{m}^2$，采用 $b \times l = 3\text{m} \times 2.5\text{m}$ 基底面积。

基础宽度不大于 3m，故不用进行宽度修正荷载计算。

基础及回填土重：$G_k = \gamma_G A d = 20 \times (2.5 \times 3) \times 2.4 = 360 \text{kN}$

基底处的总竖向力：$F_k + G_k = 1050 + 360 = 1410 \text{kN}$

基底处的总力矩：$M_k = 105 + 67 \times 2.4 = 266 \text{kN} \cdot \text{m}$

荷载偏心距：$e = \dfrac{M_k}{F_k + G_k} = \dfrac{266 \text{kN} \cdot \text{m}}{1410 \text{kN}} = 0.19\text{m} < b/6 = 3/6 = 0.5\text{m}$（可以）

计算基底边缘最大压力如下：

基础底面的抵抗矩：$W = \dfrac{1}{6} l b^2 = \dfrac{1}{6} \times 2.5 \times 3^2 = 3.75 \text{m}^3$

基底边缘最大压力 p_{kmax} 和最小压力 p_{kmin} 为：

$$p_{kmin}^{kmax} = \frac{F_k + G_k}{lb} \pm \frac{M_k}{W}$$
$$= \frac{1410}{7.5} \pm \frac{266}{3.75}$$
$$= \begin{matrix} 259 \text{kPa} \\ 117 \text{kPa} \end{matrix}$$

$P_{kmax} = 259 \text{kPa} \leqslant 1.2 f_a = 1.2 \times 253 = 304 \text{kPa}$（满足）

基底平均压力：$p_k = \dfrac{p_{kmax} + p_{kmin}}{2} = \dfrac{259 + 117}{2} = 188 \text{kPa} < f_a = 253 \text{kPa}$

所以持力层地基承载力满足要求，故基底面积可以采用 3m×2.5m。

2. 软弱下卧层验算

由于持力层下面存在软弱的淤泥质层，只需满足持力层的要求是不够的，故仍需进行下卧层承载力验算。

软弱下卧层顶面埋深：$d' = d + z = 1.7 + 0.7 + 3.5 = 5.9\text{m}$

查表 4-3 得 $\eta_b = 0$、$\eta_d = 1$。

土的平均重度：$\gamma_m = \dfrac{17 \times 1.7 + 18 \times 0.7 + (18-10) \times 3.5}{1.7 + 0.7 + 3.5} = 11.8 \text{kN/m}^3$

下卧层顶面处的地基承载力特征值为：

$$f_{az} = f_{ak} + \eta_b \gamma (b-3) + \eta_d \gamma_m (d-0.5)$$
$$= 78 + 0 + 1 \times 11.8 \times (5.9 - 0.5)$$
$$= 78 + 0 + 63.7$$
$$= 141.7 \text{kPa}$$

下卧层顶面处的自重应力：$\sigma_{cz} = 17 \times 1.7 + 18 \times 0.7 + (18-10) \times 3.5 = 69.5 \text{kPa}$

附加应力按扩散角计算，$E_{s1}/E_{s2}=3$，因为 $z/b = 3.5/3 = 1.17 > 0.5$，查表 4-4 得 $\theta = 23°$，$\tan\theta = 0.424$。

基础底面处的自重压力值为：$\sigma_c = 17 \times 1.7 + 18 \times 0.7 = 41.5 \text{kPa}$

软弱下卧层顶面处的附加应力为：

$$\sigma_z = \frac{(p_k - \sigma_c)lb}{(b + 2z\tan\theta)(l + 2z\tan\theta)}$$
$$= \frac{3 \times 2.5 \times (188 - 41.5)}{(2.5 + 2 \times 3.5 \times 0.424)(3 + 2 \times 3.5 \times 0.424)}$$
$$= 33.7 \text{kPa}$$

$$\sigma_{cz} + \sigma_z = 69.5 + 33.7 = 103.2 \text{kPa} < 141.7 \text{kPa}$$

下卧层承载力满足要求。

3. 基础高度计算

根据构造要求，可在基础下设置 100mm 厚的混凝土垫层，强度等级为 C15。假设基础高度为 $h = 800$mm，混凝土保护层厚度为 50mm，则基础有效高度为 $h_0 = 0.8 - 0.05 = 0.75$m。基础采用 C25 混凝土和 HRB335 级钢筋，查表得 $f_t = 1.27 \text{N/mm}^2$、$f_y = 300 \text{N/mm}^2$。

按照《建筑地基基础设计规范》GB 50007—2011，由荷载标准值计算荷载设计值取荷载综合分项系数 1.35，因此，结构计算时上部结构传至基础顶面的竖向荷载设计值 F 和弯矩值 M 分别为：

$$F = 1.35 F_k = 1.35 \times 1050 = 1417.50 \text{kN/m}$$
$$M = 1.35 M_k = 1.35 \times 105 = 141.75 \text{kN} \cdot \text{m}$$

计算基底净反力：

$$p_{jmin}^{jmax} = \frac{F}{lb} \pm \frac{M}{W}$$
$$= \frac{1417.5}{7.5} \pm \frac{141.75}{3.75}$$
$$= \begin{array}{l} 226.8 \text{kPa} \\ 151.2 \text{kPa} \end{array}$$

基底短边长度为 2.5m，柱截面的宽度和长度 $b_c = 0.5$m、$a_c = 0.3$m、$\beta_{hp} = 1.0$、$a_t = a_c = 0.3$m、$a_b = a_t + 2h_0 = 0.3 + 2 \times 0.75 = 1.8$m < 2.5m $= l$，冲切破坏

锥体的底面落在基础底面以内。

$$a_m = \frac{a_t + a_b}{2}$$

$$= \frac{0.3 + 1.8}{2}$$

$$= 1.05 \text{m}$$

因偏心受压 $l > a_t + 2h_0$，冲切力为：

$$A_l = \left(\frac{b}{2} - \frac{b_0}{2} - h_0\right)l - \left(\frac{l}{2} - \frac{l_0}{2} - h_0\right)^2$$

$$= \left(\frac{b}{2} - \frac{b_c}{2} - h_0\right)l - \left(\frac{l}{2} - \frac{a_c}{2} - h_0\right)^2$$

$$= \left(\frac{3}{2} - \frac{0.5}{2} - 0.75\right) \times 2.5 - \left(\frac{2.5}{2} - \frac{0.3}{2} - 0.75\right)^2$$

$$= 1.13 \text{m}^2$$

$$F_l = p_{jmax}A_l = 226.8 \times 1.13 = 256.28 \text{kN}$$

$$0.7\beta_{hp}f_t a_m h_0 = 0.7 \times 1.0 \times 1.27 \times 10^3 \times 1.05 \times 0.75 = 700 \text{kN}$$

满足 $F_l \leqslant 0.7\beta_{hp}f_t a_m h_0$ 条件，选用基础高度 $h=800$mm 合适。

基础分两级，下阶 $h_1=500$mm、$h_{01}=450$mm，取 $b_1=1.2$m、$l_1=1.0$m、$\beta_{hp}=1.0$、$a_{t1}=l_1=1.0$m，变截面处：$a_{b1}=l_1+2h_{01}=1.0+2\times0.45=1.9m<$2.5m$=l$，冲切破坏锥体的底面落在基础底面以内。

$$a_{m1} = \frac{a_{t1} + a_{b1}}{2}$$

$$= \frac{1.0 + 1.9}{2}$$

$$= 1.45 \text{m}$$

因偏心受压 $l > a_{t1} + 2h_{01}$，冲切力为：

$$A_l = \left(\frac{b}{2} - \frac{b_0}{2} - h_0\right)l - \left(\frac{l}{2} - \frac{l_0}{2} - h_0\right)^2$$

$$= \left(\frac{b}{2} - \frac{b_1}{2} - h_{01}\right)l - \left(\frac{l}{2} - \frac{l_1}{2} - h_{01}\right)^2$$

$$= \left(\frac{3}{2} - \frac{1.2}{2} - 0.45\right) \times 2.5 - \left(\frac{2.5}{2} - \frac{1.0}{2} - 0.45\right)^2$$

$$= 1.04 \text{m}^2$$

$$F_{l1} = p_{jmax}A_{l1} = 226.8 \times 1.04 = 235.87 \text{kN}$$

$$0.7\beta_{hp}f_t a_m h_0 = 0.7 \times 1.0 \times 1.27 \times 10^3 \times 1.45 \times 0.45 = 580 \text{kN}$$

满足 $F_{l1} \leqslant 0.7\beta_{hp}f_t a_m h_0$ 条件，选用基础高度 $h_1=500$mm 合适。

4. 配筋计算

柱边净反力：$p_{j1} = 151.2 + (226.8 - 151.2) \times 1.75/3 = 195.30 \text{kPa}$

变阶处净反力：$p_{jⅢ} = 151.2 + (226.8 - 151.2) \times 2.1/3 = 204.12\text{kPa}$

（1）计算长边方向（弯矩作用方向）的弯矩设计值

柱边Ⅰ-Ⅰ截面：

$$M_{Ⅰ} = \frac{1}{12} a_1^2 [(2l + a')(p_{jmax} + p_{jⅠ}) + (p_{jmax} - p_{jⅠ})l]$$

$$= \frac{1}{12} \times 1.25^2 \times [(2 \times 2.5 + 0.3)(226.8 + 195.30)$$

$$+ (226.8 - 195.30) \times 2.5]$$

$$= 301.55\text{kN} \cdot \text{m}$$

$$A_{sⅠ} = \frac{M_{Ⅰ}}{0.9 h_0 f_y} = \frac{301.55 \times 10^6}{0.9 \times 750 \times 300} = 1489\,\text{mm}^2$$

变阶处Ⅲ-Ⅲ截面：

$$M_{Ⅲ} = \frac{1}{12} a_1^2 [(2l + l_1)(p_{jmax} + p_{jⅢ}) + (p_{jmax} - p_{jⅢ})l]$$

$$= \frac{1}{12} \times 0.9^2 \times [(2 \times 2.5 + 1)(226.8 + 204.12)$$

$$+ (226.8 - 204.12) \times 2.5]$$

$$= 178.35\text{kN} \cdot \text{m}$$

$$A_{sⅢ} = \frac{M_{Ⅲ}}{0.9 h_0 f_y} = \frac{178.35 \times 10^6}{0.9 \times 450 \times 300} = 1468\text{mm}^2$$

比较 $A_{sⅠ}$、$A_{sⅢ}$，应按 $A_{sⅠ}$ 配筋，沿基础 2.5m 的范围内每米配筋 $1489/2.5$ $= 595.6\text{mm}^2/\text{m}$，选Φ 14@200（$A_s = 770\text{mm}^2/\text{m}$）。

（2）计算短边方向弯矩（垂直于弯矩作用方向）

Ⅱ-Ⅱ截面：

$$M_{Ⅱ} = \frac{1}{48}(l - a')^2 (2b + b')(p_{jmax} + p_{jmin})$$

$$= \frac{1}{48} \times (2.5 - 0.3)^2 \times (2 \times 3 + 0.5) \times (226.8 + 151.2)$$

$$= 247.75\text{kN} \cdot \text{m}$$

$$A_{sⅡ} = \frac{M_{Ⅱ}}{0.9(h_0 - d)f_y} = \frac{247.75 \times 10^6}{0.9 \times (750 - 16) \times 300} = 1250\,\text{mm}^2$$

变阶处Ⅳ-Ⅳ截面：

$$M_{Ⅳ} = \frac{1}{48}(l - l_1)^2 (2b + b_1)(p_{jmax} + p_{jmin})$$

$$= \frac{1}{48} \times (2.5 - 1)^2 \times (2 \times 3 + 1.2) \times (226.8 + 151.2)$$

$$= 127.58\text{kN} \cdot \text{m}$$

$$A_{s\text{IV}} = \frac{M_{\text{IV}}}{0.9(h_0 - d)f_y} = \frac{127.58 \times 10^6}{0.9 \times (450 - 16) \times 300} = 1089 \text{ mm}^2$$

比较 $A_{s\text{II}}$、$A_{s\text{IV}}$，应按 $A_{s\text{II}}$ 配筋，沿基础 3.0m 的范围内每米配筋 $1250/3.0 = 416.7\text{mm}^2/\text{m}$，选 $\Phi 12@200$（$A_s = 505\text{mm}^2/\text{m}$）。

基础配筋图如图 4-15 所示。

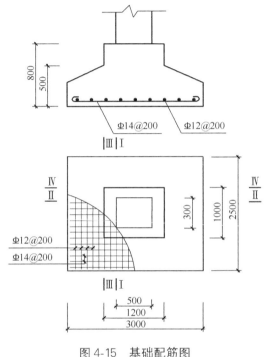

图 4-15　基础配筋图

4.5　条形基础设计

4.5.1　概述

条形基础按上部结构形式，可分为墙下条形基础和柱下条形基础。设计基本内容包括基础底面尺寸、截面高度和截面配筋的计算。

钢筋混凝土条形基础的基底面积通常根据地基承载力和对沉降及不均匀沉降的要求确定；基础高度由混凝土的抗冲切条件确定；受力钢筋配筋则由基础验算截面的抗弯能力确定。

4.5.2　墙下钢筋混凝土条形基础设计

墙下条形基础有刚性条形基础和钢筋混凝土条形基础两种。刚性条形基础适用于多层民用建筑和轻型厂房，由抗压性能较好，而抗拉、抗剪性能较差的材料建造，如图 4-16（a）所示。当上部墙体荷重较大而土质较差时，可考虑采用"宽基浅埋"的墙下钢筋混凝土条形基础，如图 4-16（b）所示。

墙下钢筋混凝土条形基础一般做成板式，如图 4-17（a）所示，但当基础延伸方向的墙上荷载及地基土的压缩性不均匀时，为了增强基础的整体性和纵向抗弯能力，减小不均匀沉降，常采用带肋的墙下钢筋混凝土条形基础，如图 4-17（b）所示。

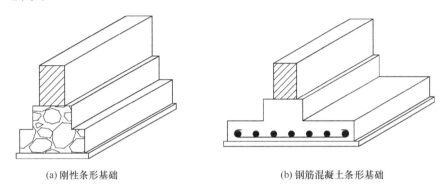

(a) 刚性条形基础　　　　　　　　(b) 钢筋混凝土条形基础

图 4-16　墙下条形基础

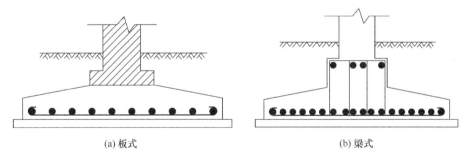

(a) 板式　　　　　　　　　(b) 梁式

图 4-17　墙下钢筋混凝土条形基础

1. 墙下条形基础结构设计原则

墙下钢筋混凝土条形基础的内力计算一般可按平面应变问题处理，在长度方向可取单位长度计算。截面设计验算的内容主要包括基础底面宽度 b、基础的高度 h 及基础底板配筋等。基底宽度应根据地基承载力要求确定，基础高度由混凝土的抗剪切条件确定，基础底板的受力钢筋配筋则由基础验算截面的抗弯能力确定。

进行基础截面设计（基础高度的确定、基础底板配筋）时，应采用不计基础与上覆土重力作用时的地基净反力来计算基础内力。

2. 基础截面设计计算步骤

（1）确定基础宽度

127

对于条形基础，可沿基础长度方向取单位长度 1m 进行计算。荷载也同样按单位长度计算，条形基础宽度为：

$$b \geqslant \frac{F_k}{f_a - \gamma_G d} \tag{4-43}$$

按地基承载力条件确定，应满足：

$\frac{1}{2}(p_{kmax} + p_{kmin}) \leqslant f_a$ 和 $p_{kmax} \leqslant 1.2 f_a$ 的条件，而基底的最大和最小的边缘压力 p_{kmax} 和 p_{kmin} 根据式（4-44）和式（4-45）计算：

当偏心距 $e \leqslant \frac{b}{6}$ 时，$p_{kmin}^{kmax} = \frac{F_k + G_k}{A} \pm \frac{M_k}{W}$ $\tag{4-44}$

当偏心距 $e > \frac{b}{6}$ 时，$p_{kmax} = \frac{2(F_k + G_k)}{3la}$ $\tag{4-45}$

对于条形基础，取 $l = 1m$ 长计算。

式中：f_a——地基承载力特征值（kPa）；

$\quad$ a——合力作用点至基础底面最大压力边缘的距离；

$\quad$ b——力矩作用方向的基础底面边长；

$\quad$ A——基础底面面积；

$\quad$ F_k——传至基础顶面的竖向荷载标准值；

$\quad$ G_k——基础自重和基础上的土重；

$\quad$ M_k——相应于作用的标准组合时，作用于基础底面的力矩值；

$\quad$ W——基础底面的抵抗矩。

（2）计算地基净反力

仅由基础顶面的荷载设计值所产生的地基反力，称为地基净反力，并以 p_j 表示。条形基础底面地基净反力 p_j（kPa）为：

$$p_{jmin}^{jmax} = \frac{F}{b} \pm \frac{6M}{b^2} \tag{4-46}$$

其中，荷载 F（kN/m）、M（kN·m/m）为单位长度数值，b 为基础宽度（m）。

（3）基础验算截面选取及其剪力计算

设 b_1 为验算截面 I 距基础边缘的距离。如图 4-18 所示，当墙体材料为混凝土时，验算截面 I 在墙脚处，b_1 等于基础边缘至墙脚的距离 a；当墙体材料为砖墙且墙脚伸出不大于 1/4 砖长时，验算截面 I 在墙面处，$b_1 = a + 1/4$ 砖长 $= a + 0.06m$。

基础验算截面 I 的剪力设计值 V_I（kN/m）为：

$$V_I = \frac{b_1}{2b} \left[(2b - b_1) p_{jmax} + b_1 p_{jmin} \right] \tag{4-47}$$

当轴心荷载作用时，基础验算截面 I 的剪力设计值 V_I 可简化为如下形式：

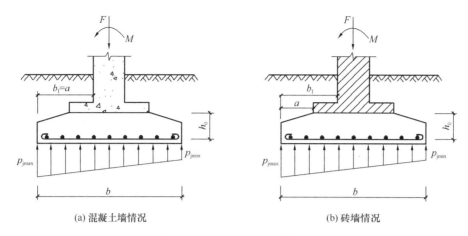

(a) 混凝土墙情况   (b) 砖墙情况

图 4-18 墙下条形基础的计算

$$V_{\mathrm{I}} = \frac{b_{\mathrm{I}}}{b} F \tag{4-48}$$

（4）基础高度的确定

基础有效高度 h_0 由基础验算截面的抗剪切条件确定，即：

$$V_{\mathrm{I}} \leqslant 0.7 \beta_{\mathrm{h}} f_{\mathrm{t}} h_0 \tag{4-49a}$$

$$\beta_{\mathrm{h}} = \left(\frac{800}{h_0} \right)^{1/4} \tag{4-49b}$$

式中：β_{h} ——截面高度影响系数，按《混凝土结构设计规范》GB 50010—2010
（2015 年版），当 $h_0 < 800\mathrm{mm}$ 时，取 $h_0 = 800\mathrm{mm}$；当 $h_0 > 2000\mathrm{mm}$
时，取 $h_0 = 2000\mathrm{mm}$。

$\quad f_{\mathrm{t}}$ ——混凝土轴心抗拉强度设计值。

$\quad h_0$ ——基础截面有效高度。

基础高度 h 为有效高度 h_0 加上混凝土保护层厚度。

（5）基础底板的配筋

基础验算截面 I 的弯矩设计值 M_{I} （kN·m/m）可按下式计算：

$$M_{\mathrm{I}} = \frac{b_{\mathrm{I}}^2}{6b} \big[(3b - b_{\mathrm{I}}) p_{\mathrm{jmax}} + b_{\mathrm{I}} p_{\mathrm{jmin}} \big] \tag{4-50}$$

当轴心荷载作用时，基础验算截面 I 的弯矩设计值 M_{I} 可简化为如下形式：

$$M_{\mathrm{I}} = \frac{1}{2} V_{\mathrm{I}} b_{\mathrm{I}} \tag{4-51}$$

配筋计算应符合《混凝土结构设计规范》GB 50010—2010（2015 年版）正
截面受弯承载力计算公式。一般可按简化的矩形截面单筋板计算，由下式计算每
延米墙长的受力钢筋截面面积为：

$$A_s = \frac{M_1}{0.9 f_y h_0} \tag{4-52}$$

式中：A_s——钢筋面积；

　　　f_y——钢筋抗拉强度设计值。

3. 墙下条形基础的构造要求

墙下条形基础一般采用梯形截面，其边缘高度一般不宜小于 200mm，坡度 $i \leqslant 1:3$。基础高度小于 250mm 时，也可做成等厚顶板。

基础混凝土的强度等级不应低于 C20。

基底下宜设 C10 素混凝土垫层，垫层厚度一般为 100mm。

底板受力钢筋的最小直径不宜小于 10mm，间距不宜大于 200mm，也不宜小于 100mm。当有垫层时，混凝土的保护层厚度不小于 40mm，无垫层时不小于 70mm。底板纵向分布钢筋的直径不小于 8mm，间距不大于 300mm。

4. 当地基软弱时，为了减小不均匀沉降的影响，基础截面可采用带肋梁的板，肋梁的纵向钢筋和箍筋按经验确定，如图 4-19 所示。

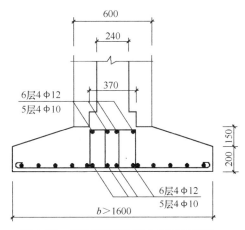

图 4-19　墙下钢筋混凝土条形基础的构造（单位：mm）

4.5.3　柱下钢筋混凝土条形基础设计

1. 柱下条形基础的受力特点

柱下条形基础在其纵、横两个方向均产生弯曲变形，故在这两个方向的截面内均存在剪力和弯矩。柱下条形基础的横向剪力与弯矩通常可考虑由翼板的抗剪、抗弯能力承担，其内力计算与墙下条形基础相同。柱下条形基础纵向的剪力与弯矩则一般由基础梁承担，基础梁的纵向内力通常可采用简化法（直线分布法）或弹性地基梁法计算。

2. 基础梁的纵向内力计算

当地基持力层土质均匀、各柱距相差不大（<20%）、柱荷载分布较均匀、建筑物整体（包括基础）相对刚度较大时，地基反力可认为符合线性分布，基础梁的内力可按简化的线性分布法计算；当不满足上述条件时，宜按弹性地基梁法计算。前者不考虑地基基础的共同作用，而后者则考虑了地基基础的共同作用。

根据上部结构的刚度与变形情况，可分别采用静定分析法和倒梁法。

（1）静定分析法

静定分析法是按基底反力的直线分布假设和整体静力平衡条件求出基底净反力,并将其与柱荷载一起作用于基础梁上,然后按一般静定梁的内力分析方法计算各截面的弯矩和剪力。静定分析法适用于上部为柔性结构,且基础本身刚度较大的条形基础。本方法未考虑基础与上部结构的相互作用,计算所得的不利截面上的弯矩绝对值一般较大。

(2)倒梁法

倒梁法的基本思路是:以柱脚为条形基础的不动铰支座,将基础梁视作倒置的多跨连续梁,以地基净反力及柱脚处的弯矩当作基础梁上的荷载,用弯矩分配法或弯矩系数法来计算其内力,如图 4-20(a)所示。由于此时支座反力 R_i 与柱子的作用力 P_i 不相等,因此应通过逐次调整的方法来消除这种不平衡力。

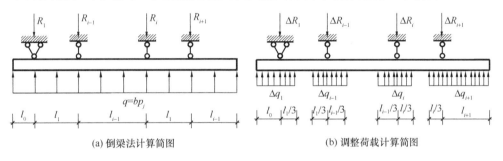

(a) 倒梁法计算简图　　　　　　(b) 调整荷载计算简图

图 4-20　倒梁法计算图

各柱脚的不平衡力为:

$$\Delta P_i = P_i - R_i \tag{4-53}$$

将各支座的不平衡力均匀分布在相邻两跨的各 $\frac{1}{3}$ 跨度范围内,如图 4-20(b)所示。均匀分布的调整荷载 ΔP_i,按如下方法计算。

对边跨支座:

$$\Delta q_1 = \frac{\Delta P_1}{\left(l_0 + \frac{1}{3}l_1\right)} \tag{4-54}$$

对中间支座:

$$\Delta q_i = \frac{\Delta P_i}{\left(\frac{1}{3}l_{i-1} + \frac{1}{3}l_i\right)} \tag{4-55}$$

式中:l_0——边跨长度;

l_{i-1}、l_i——支座左、右跨长度,m。

继续用弯矩分配法或弯矩系数法计算调整荷载 ΔP_i 引起的内力和支座反力,并重复计算不平衡力,直至其小于计算容许的最小值(此值一般取不超过荷载的 20%)。将逐次计算的结果叠加,即为最终的内力计算结果。

倒梁法适用于上部结构刚度很大、各柱之间沉降差异很小的情况。这种计算模式只考虑出现于柱间的局部弯曲，忽略了基础的整体弯曲，计算出的柱位处弯矩与柱间最大弯矩较均衡，因而所得的不利截面上的弯矩绝对值一般较小。

3. 柱下条形基础的设计计算步骤

（1）求荷载合力重心位置

柱下条形基础的柱荷载分布如图 4-21（a）所示，其合力作用点距 N_1 的距离为：

$$x = \frac{\sum N_i x_i + \sum M_i}{\sum N_i} \tag{4-56}$$

（2）确定基础梁的长度和悬臂尺寸

选定基础梁从左边柱轴线的外伸长度为 a_1，则基础梁的总长度 L 和从右边柱轴线的外伸度 a_2 分别如下：

$$\text{当 } x \geqslant \frac{a}{2} \text{ 时，} L = 2(x + a_1)，a_2 = L - a - a_1$$

$$\tag{4-57}$$

$$\text{当 } x < \frac{a}{2} \text{ 时，} L = 2(a + a_2 - x)，a_1 = L - a - a_2$$

如此处理后，则荷载重心与基础形心重合，计算简图可变为图 4-21（b）。

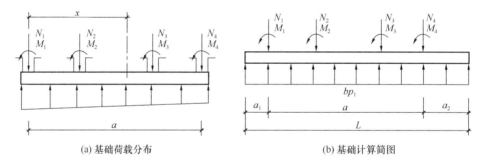

(a) 基础荷载分布　　　　　　　　　　　(b) 基础计算简图

图 4-21　柱下条形基础内力计算

（3）按地基承载力设计值计算所需的条形基础底面积 A，进而确定底板宽度 b。

（4）按墙下条形基础设计方法确定翼板厚度及横向钢筋的配筋。

（5）计算基础梁的纵向内力与配筋。

根据柱下条形基础的计算条件，选用简化法或弹性地基梁法计算其纵向内力，再根据纵向内力计算结果，按一般钢筋混凝土受弯构件进行基础纵向截面验算与配筋计算，同时应满足设计构造要求。

4. 柱下条形基础的构造要求

柱下条形基础的构造除了要满足一般扩展基础的构造要求以外，尚应符合下列规定：

（1）柱下条形基础的肋梁高度由计算确定，一般宜为柱距的 $1/4\sim1/8$（通常取柱距的 $1/6$）。翼板厚度不宜小于 200mm。当翼板厚度为 $200\sim250$mm 时，宜用等厚度翼板；当翼板厚度大于 250mm 时，宜用变厚度翼板，其坡度小于或等于 1∶3。

（2）柱下条形基础的混凝土强度等级不低于 C20。

（3）现浇柱下的条形基础沿纵向可取等截面，当柱截面边长较大时，应在柱位处将肋部加宽，使其与条形基础梁交接处的平面尺寸不小于图 4-22（a）、（b）、（c）中的规定。

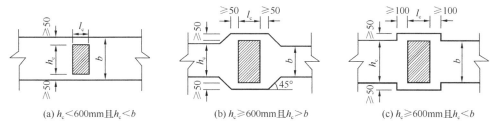

(a) $h_c<600$mm 且 $h_c<b$　　　(b) $h_c\geq600$mm 且 $h_c>b$　　　(c) $h_c\geq600$mm 且 $h_c<b$

图 4-22　现浇柱与条形基础梁交接处的平面尺寸

（4）条形基础的两端应向边柱外延伸，延伸长度一般为边跨跨距的 $0.25\sim0.30$。当荷载不对称时，两端伸出长度可不相等，以使基底形心与荷载合力作用点尽量一致。

（5）基础梁顶面和底面的纵向受力钢筋由计算确定，最小配筋率为 0.2%，同时应有 $2\sim4$ 根通长配筋，且其面积不得少于纵向钢筋总面积的 $1/3$。当梁高大于 700mm 时，应在肋梁的两侧加配纵向构造钢筋，其直径不小于 14mm，并用Φ8@400mm 的 S 形构造箍筋固定。在柱位处，应采用封闭式箍筋，箍筋直径不小于 8mm。当肋梁宽度小于或等于 350mm 时宜用双肢箍，当肋梁宽度在 $350\sim800$mm 时宜用四肢箍，大于 800mm 时宜采用六肢箍。条形基础非肋梁部分的纵向分布钢筋可用Φ8@200mm 或Φ10@200mm。

（6）翼板的横向受力钢筋由计算确定，其直径不应小于 10mm，间距不大于 250mm。

4.6　墙下条形基础设计实例

4.6.1　基础设计条件

某厂房采用钢筋混凝土条形基础，墙厚 240mm，上部结构传至基础顶面的荷载标准值为：$F_k=300$kN/m，弯矩为 $M_k=30$kN·m，地基持力层承载力特征值 $f_{ak}=220$kPa（图 4-23、图 4-24）。混凝土强度等级为 C25，钢筋采用 HRB335

级钢筋。试设计该墙下钢筋混凝土条形基础。

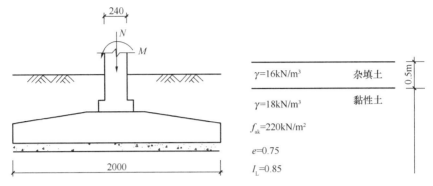

图4-23　墙下条形基础计算简图（单位：mm）　　图 4-24　工程地质剖面图

4.6.2　基础设计计算

1. 确定基础宽度

综合地质条件等因素，初步选定基础埋深 $d=1.5\mathrm{m}$。则基础底面以上土重度的加权平均值为：

$$\gamma_{\mathrm{m}} = \frac{0.5 \times 16 + 1 \times 18}{1.5} = 17.3\mathrm{kN/m^3}$$

假定基础宽度不超 3m。基础持力层为黏性土，查表得：

$$\eta_{\mathrm{b}} = 0, \quad \eta_{\mathrm{d}} = 1.0$$

修正后的地基承载力特征值为：

$$\begin{aligned}
f_{\mathrm{a}} &= f_{\mathrm{ak}} + \eta_{\mathrm{b}}\gamma(b-3) + \eta_{\mathrm{d}}\gamma_{\mathrm{m}}(d-0.5) \\
&= 220 + 0 \times 18 \times (3-3) + 1.0 \times 17.3 \times (1.5-0.5) \\
&= 220 + 0 + 17.3 \\
&= 237.3\mathrm{kPa}
\end{aligned}$$

按中心荷载初估基底面积

$$b_1 = \frac{F_{\mathrm{k}}}{f_{\mathrm{a}} - \gamma_{\mathrm{G}}d} = \frac{300}{237.3 - 20 \times 1.5} = 1.45\mathrm{m}$$

考虑偏心作用将基底宽度扩大 1.3 倍。

$b=1.3$，$b_1=1.88\mathrm{m}$，初选采用 $b=2\mathrm{m}$。

基础宽度不大于 3m，故不用进行宽度修正荷载计算。

基础及回填土重：$G_{\mathrm{k}} = \gamma_{\mathrm{G}}Ad = 20 \times 2 \times 1 \times 1.5 = 60\mathrm{kN}$

基底处的总竖向力：$F_{\mathrm{k}} + G_{\mathrm{k}} = 300 + 60 = 360\mathrm{kN}$

基底处的总力矩：$M_{\mathrm{k}} = 30\mathrm{kN \cdot m}$

荷载偏心距：$e = \dfrac{M_{\mathrm{k}}}{F_{\mathrm{k}} + G_{\mathrm{k}}} = \dfrac{30\mathrm{kN \cdot m}}{360\mathrm{kN}} = 0.08\mathrm{m} < b/6 = 2/6 = 0.33\mathrm{m}(可以)$

计算基底边缘最大压力

基础底面的抵抗矩：$W = \dfrac{1}{6}lb^2 = \dfrac{1}{6} \times 1 \times 2^2 = 0.67\text{m}^3$

基底边缘最大压力 p_{kmax} 和最小压力 p_{kmin}：

$$p_{kmin}^{kmax} = \frac{F_k + G_k}{lb} \pm \frac{M_k}{W}$$

$$= \frac{360}{2} \pm \frac{30}{0.67}$$

$$= \frac{224.78\text{kPa}}{135.22\text{kPa}}$$

$$P_{kmax} = 224.78\text{kPa} \leqslant 1.2f_a = 1.2 \times 237.3 = 284.76\text{kPa}(满足)$$

基底平均压力：$p_k = \dfrac{p_{kmax} + p_{kmin}}{2} = \dfrac{224.78 + 135.22}{2} = 180\text{kPa} < f_a = 237.3\text{kPa}$

所以持力层地基承载力满足要求，故基底宽度可以采用2m。

2. 地基净反力计算

按照《建筑地基基础设计规范》GB 50007—2011，由荷载标准值计算荷载设计值取荷载综合分项系数 1.35，因此，结构计算时上部结构传至基础顶面的竖向荷载设计值 F 和弯矩值 M 分别为：

$$F = 1.35F_k = 1.35 \times 300 = 405\text{kN/m}$$

$$M = 1.35M_k = 1.35 \times 30 = 40.5\text{kN} \cdot \text{m}$$

地基净反力为：

$$p_{jmin}^{jmax} = \frac{F}{b} \pm \frac{M}{W}$$

$$= \frac{405}{2} \pm \frac{40.5}{0.67}$$

$$= \frac{262.95\text{kPa}}{142.05\text{kPa}}$$

3. 基础高度的确定

验算截面Ⅰ距基础边缘的距离：

$$b_1 = \frac{1}{2}(2.0 - 0.24) = 0.88\text{m}$$

验算截面Ⅰ的剪力设计值

$$V_{\text{I}} = \frac{b_1}{2b}\left[(2b - b_1)p_{jmax} + b_1 p_{jmin}\right]$$

$$= \frac{0.88}{2 \times 2.0} \times \left[(2 \times 2.0 - 0.88) \times 262.95 + 0.88 \times 142.05 \right]$$

$$= 208.0 \text{kN/m}$$

选用 C25 混凝土，$f_t = 1.27 \text{N/mm}^2$，基础的有效高度 h_0 由混凝土抗剪验算公式确定得：

$$h_0 \geqslant \frac{V_I}{0.7 f_t} = \frac{208.0}{0.7 \times 1.27} = 233.97 \text{mm}$$

基础边缘高度取 200mm，基础高度 h 取 300mm，混凝土保护层厚度取 40mm，则基础的有效高度 $h_0 = 300 - 40 = 260 \text{mm} > 233.97 \text{mm}$，基础高度选取合适。

4. 基础底板配筋

基础验算截面 I 的弯矩设计值

$$M_I = \frac{b_I^2}{6b} \left[(3b - b_I) p_{jmax} + b_I \, p_{jmin} \right]$$

$$= \frac{0.88^2}{6 \times 2} \times \left[(3 \times 2 - 0.88) \times 262.95 + 142.05 \times 0.88 \right]$$

$$= 94.95 \text{kN} \cdot \text{m/m}$$

基础采用 HRB335 级钢筋，查表得 $f_y = 300 \text{N/mm}^2$。

基础每延米的受力钢筋截面面积为：

$$A_s = \frac{M_I}{0.9 f_y h_0} = \frac{94.95 \times 10^6}{0.9 \times 300 \times 260} = 1353 \text{mm}^2$$

选配受力钢筋Φ16@140，$A_s = 1436 \text{mm}^2$，沿垂直于砖墙长度方向配置。在砖墙长度方向配置Φ8@200 的分布钢筋。基础配筋图如图 4-25 所示。

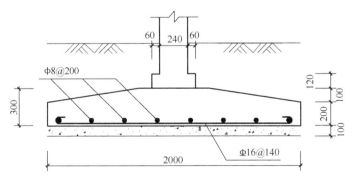

图 4-25 墙下条形基础配筋图（单位：mm）

4.7 柱下钢筋混凝土条形基础设计实例

4.7.1 基础设计条件

某建筑物采用柱下条形基础，荷载和柱距如图 4-26 所示，基础埋深 $d=$ 1.5m，地基承载力特征值 $f_{ak}=160$kPa，地基土为粉质黏土，土的物理力学性质指标为：$\gamma=18$kN/m^3、$e=0.72$、$I_L=0.82$，柱距为 6m。试确定基础底面尺寸，并用静力平衡法计算基础内力和配筋。

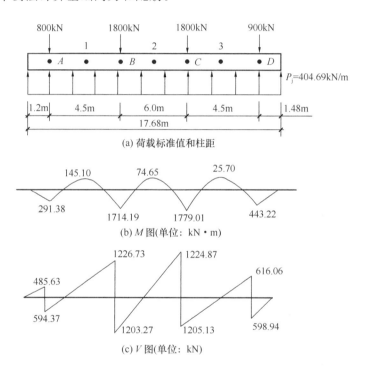

图 4-26 条形基础受力简图

4.7.2 静力平衡法计算条形基础内力

1. 确定基础梁长度和外伸尺寸

根据合力矩定理，各柱竖向力的合力，距离图中 A 点的距离 x 为：

$$x=\frac{900\times15+1800\times10.5+1800\times4.5}{800+1800+1800+900}=7.64\text{m}$$

考虑构造要求，条形基础梁的两端应伸出边柱之外（0.25～0.30）l_1（l_1 为边跨柱距），基础伸出 A 点外 x_1 取：

137

$$0.25 \times 4.5 = 1.12 \leqslant x \leqslant 0.3 \times 4.5 = 1.35\text{m}$$

则 x_1 取 1.2m。按照竖向合力与基底形心重合，则基础必须伸出图中 D 点之外 x_2：

$$x_2 = 2 \times (7.64 + 1.2) - (15 + 1.2) = 1.48\text{m}$$

基础的总长度为：

$$l = 15 + 1.2 + 1.48 = 17.68\text{m}$$

2. 确定基础梁宽度

根据地基持力层的承载力确定 b。

地基土为粉质黏土，由 $e = 0.72$、$I_L = 0.82$，查表得：

$$\eta_b = 0.3，\eta_d = 1.6$$

假定基础宽度不超 3m，修正后的地基承载力特征值为：

$$\begin{aligned}
f_a &= f_{ak} + \eta_b \gamma (b - 3) + \eta_d \gamma_m (d - 0.5) \\
&= 160 + 0.3 \times 18 \times (3 - 3) + 1.6 \times 18 \times (1.5 - 0.5) \\
&= 160 + 0 + 28.8 \\
&= 188.8\text{kPa}
\end{aligned}$$

按地基承载力特征值计算基底面积：

$$A = \frac{\sum F_k}{f_a - \gamma_G d} = \frac{800 + 1800 + 1800 + 900}{188.8 - 20 \times 1.5} = 33.38\text{m}^2$$

基础宽度为：

$$b = \frac{33.38}{17.68} = 1.89\text{m}$$

取 $b = 2.0$m，且 $b = 2.0$m< 3m，不需再对 f_a 进行修正。

3. 地基承载力验算

$$G_k = \gamma_G A d = 20 \times 17.68 \times 2.0 \times 1.5 = 1061\text{kN}$$

荷载与基础中线重合，中心荷载作用，只需验证基底平均压力 p_k：

$$p_k = \frac{\sum F_k + G_k}{A} = \frac{4600 + 1061}{17.68 \times 2.0} = 160.10\text{kPa} < f_a = 188.8\text{kPa}$$

所以持力层地基承载力满足要求，故基底宽度可以采用 2.0m。

4. 基础梁内力分析

因荷载的合力通过基底形心，故地基反力是均布的，沿基础每米长度上的净反力值 p_j 为：

$$p_j = \frac{\sum F}{L} = \frac{5300 \times 1.35}{17.68} = 404.69\text{kN/m}$$

按静力平衡条件计算各截面内力：

$$M_A = \frac{1}{2} \times 404.69 \times 1.2^2 = 291.38\text{kN} \cdot \text{m}$$

$$V_A^{左} = 404.69 \times 1.2 = 485.63 \text{kN}$$

$$V_A^{右} = 485.63 - 1080 = -594.37 \text{kN}$$

AB 跨内最大负弯矩的截面 1 离 A 点的距离为：

$$a_1 = \frac{1080 - 1.2 \times 404.69}{404.69} = 1.47 \text{m}$$

$$M_1 = \frac{1}{2} \times 404.69 \times 2.67^2 - 1080 \times 1.47 = -145.10 \text{kN} \cdot \text{m}$$

$$M_B = \frac{1}{2} \times 404.69 \times 5.7^2 - 1080 \times 4.5 = 1714.19 \text{kN} \cdot \text{m}$$

$$V_B^{左} = 404.69 \times 5.7 - 1080 = 1226.73 \text{kN}$$

$$V_B^{右} = 1226.73 - 2430 = -1203.27 \text{kN}$$

BC 跨内最大负弯矩的截面 2 离 B 点的距离为：

$$a_2 = \frac{1080 + 2430 - 5.7 \times 404.69}{404.69} = 2.97 \text{m}$$

$$M_2 = \frac{1}{2} \times 404.69 \times 8.67^2 - 1080 \times 7.47 - 2430 \times 2.97 = -74.65 \text{kN} \cdot \text{m}$$

$$M_C = \frac{1}{2} \times 404.69 \times 11.7^2 - 1080 \times 10.5 - 2430 \times 6 = 1779.01 \text{kN} \cdot \text{m}$$

$$V_C^{左} = 404.69 \times 11.7 - 1080 - 2430 = 1224.87 \text{kN}$$

$$V_C^{右} = 1224.87 - 2430 = -1205.13 \text{kN}$$

CD 跨内最大负弯矩的截面 3 离 D 点的距离为：

$$a_3 = \frac{1215 - 1.48 \times 404.69}{404.69} = 1.52 \text{m}$$

$$M_3 = \frac{1}{2} \times 404.69 \times 3.0^2 - 1215 \times 1.52 = -25.70 \text{kN} \cdot \text{m}$$

$$M_D = \frac{1}{2} \times 404.69 \times 1.48^2 = 443.22 \text{kN} \cdot \text{m}$$

$$V_D^{左} = -598.94 + 1215 = 616.06 \text{kN}$$

$$V_D^{右} = -404.69 \times 1.48 = -598.94 \text{kN}$$

5. 翼板配筋计算

基底宽 2000mm，主肋宽 500mm（400＋2×50），翼板外挑长度 1/2×（2000－500）＝750mm，按斜截面抗剪能力确定翼板厚度，选用 C30 混凝土，$f_t = 1.43 \text{N/mm}^2$，翼板的有效高度 h_0 由混凝土抗剪验算公式确定得：

$$h_0 \geqslant \frac{V}{0.7 f_t b} = \frac{404.69 \times 0.75}{0.7 \times 1.43} = 303.21 \text{mm}$$

因此，梁肋处（相当于翼板固定端）翼板厚度 400mm，翼板外边缘厚度 300mm。

板顶坡面：$i = \dfrac{100}{750} \leqslant \dfrac{1}{3}$，满足坡度要求。

翼板受力筋计算，钢筋选用 HRB335 级钢筋，查表得 $f_y = 300\text{N/mm}^2$。

$$M = \frac{1}{2} \times p_j l_1^2 = \frac{1}{2} \times 404.69 \times 0.75^2 = 113.82\text{kN} \cdot \text{m}$$

$$A_s = \frac{M}{0.9 h_0 f_y} = \frac{113.82 \times 10^6}{0.9 \times 350 \times 300} = 1204.44 \text{ mm}^2$$

选取钢筋Φ 14@110，$A_s = 1399\text{mm}^2$。

6. 肋梁配筋计算

肋梁高取 $l/6 = 6000/6 = 1000\text{mm}$，宽度 0.5m，钢筋选用 HRB335 级钢筋，$f_y = 300\text{N/mm}^2$，箍筋采用 HPB300 级，$f_{yv} = 270\text{N/mm}^2$，混凝土采用 C30，$f_t = 1.43\text{N/mm}^2$，采用 $+M_{max}$、$-M_{max}$ 进行配筋，配筋计算见表 4-10 和表 4-11。

肋梁配筋计算表　　　　　　　　　　　　表 4-10

	$+M_{Bmax}$	$+M_{Cmax}$	$+M_{Dmax}$	$-M_{1max}$	$-M_{2max}$	$-M_{3max}$
M（kN·m）	1714.19	1779.01	443.22	145.10	74.65	25.70
h_0	950	950	950	950	950	950
$\alpha_s = \dfrac{M}{\alpha_1 f_c b h_0^2}$	0.266	0.276	0.069	0.022	0.012	0.004
$\gamma_s = \dfrac{1 + \sqrt{1 - 2\alpha_s}}{2}$	0.842	0.835	0.964	0.989	0.994	0.998
$A_s = \dfrac{M}{f_y \gamma_s h_0}$	7143	7476	1613	515	264	90
选配	8 Φ 36	8 Φ 36	4 Φ 36	4 Φ 22	4 Φ 22	4 Φ 22
实配	8143	8143	4072	1520	1520	1520

斜截面强度计算表　　　　　　　　　　　　表 4-11

	V_{Amax}	V_{Bmax}	V_{Cmax}	V_{Dmax}
V（kN）	594.37	1226.73	1224.87	616.06
h_0	950	950	950	950
$0.7 f_t b h_0$	475.48	475.48	475.48	475.48
$\dfrac{V - 0.7 f_t b h_0}{f_{yv} h_0}$	0.464	2.929	2.922	0.548
$\dfrac{n A_{sv}}{s}$	2.262	3.016	3.016	2.262
实配（四肢箍）	Φ12@200	Φ12@150	Φ12@150	Φ12@200

4.8　十字交叉条形基础

柱下十字交叉条形基础是由柱网下的纵横两组条形基础组成的空间结构，柱网传来的集中荷载与弯矩作用在两组条形基础的交叉点上。十字交叉条形基础的内力计算比较复杂，目前在设计中一般采用简化方法，即将柱荷载按一定原则分配到纵横两个方向的条形基础上，然后分别按单向条形基础进行内力计算与配筋。

4.8.1　节点荷载的初步分配

1. 节点荷载的分配原则

节点荷载一般按下列原则进行分配。

（1）满足静力平衡条件，即各节点分配在纵、横基础梁上的荷载之和，应等于作用在该节点上的荷载。

$$N_i = N_{ix} + N_{iy} \tag{4-58}$$

式中：N_i——i 节点的竖向荷载；

$\quad N_{ix}$——x 方向基础梁在 i 节点的竖向荷载；

$\quad N_{iy}$——y 方向基础梁在 i 节点的竖向荷载。

节点上的弯矩 M_x、M_y 直接加于相应方向的基础梁上，不必再作分配，不考虑基础梁承受扭矩。

（2）满足变形协调条件，即纵、横基础梁在交叉节点上的位移相等。

$$\omega_{ix} = \omega_{iy} \tag{4-59}$$

式中：ω_{ix}——x 方向基础梁在 i 节点处的竖向位移；

$\quad \omega_{iy}$——y 方向基础梁在 i 节点处的竖向位移。

为简化计算，节点竖向位移采用文克勒地基梁的解析解，并且假定该节点处的竖向位移 ω_{ix}、ω_{iy} 分别由该节点处的荷载 N_{ix}、N_{iy} 引起，而与该方向梁上的其他荷载无关。

2. 节点荷载的分配方法

（1）内柱节点 ［图 4-27（a）］

对 x 方向的梁，节点处作用着集中荷载 N_x，节点处的竖向位移为 ω_x；对 y 方向的梁，节点处作用着集中荷载 N_y，节点处的竖向位移为 ω_y。对内柱节点，两方向的梁都视为无限长梁，则：

$$\omega_x = \frac{N_x}{8\lambda_x^3 EI_x} \tag{4-60}$$

$$\omega_y = \frac{N_y}{8\lambda_y^3 EI_y} \tag{4-61}$$

根据节点荷载的分配原则，可联立得到：

$$\begin{cases} N = N_x + N_y \\ \omega_x = \omega_y \end{cases} \tag{4-62}$$

解上述方程组可得：

$$\left. \begin{array}{l} N_x = \dfrac{b_x S_x}{b_x S_x + b_y S_y} N \\[3mm] N_y = \dfrac{b_y S_y}{b_x S_x + b_y S_y} N \end{array} \right\} \tag{4-63}$$

式中：b_x、b_y——分别为 x、y 方向的基础梁底面宽度；

S_x、S_y——分别为 x、y 方向的基础梁弹性特征长度：

$$S_x = \sqrt[4]{\frac{4EI_x}{k_s b_x}} \tag{4-64}$$

$$S_y = \sqrt[4]{\frac{4EI_y}{k_s b_y}} \tag{4-65}$$

k_s——地基的基床系数；

E——基础材料的弹性模量；

I_x、I_y——x、y 方向的基础梁截面惯性矩。

（2）边柱节点［图 4-27（b）］

对边柱节点，两方向的梁分别视为无限长梁和半长梁，则可得到：

$$\left. \begin{array}{l} N_x = \dfrac{4b_x S_x}{4b_x S_x + b_y S_y} N \\[3mm] N_y = \dfrac{b_y S_y}{4b_x S_x + b_y S_y} N \end{array} \right\} \tag{4-66}$$

（3）角柱节点［图 4-27（c）］

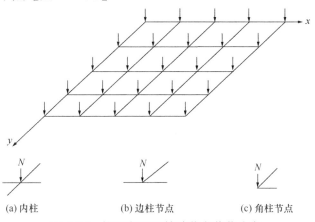

(a) 内柱   (b) 边柱节点   (c) 角柱节点

图 4-27　柱下交叉梁基础节点荷载分布

对角柱节点，两方向的梁都视为半长梁，其节点荷载分配计算公式与内柱节点相同。

4.8.2 节点荷载的调整

通过以上方法计算出分配到纵横两个方向的节点集中力 N_x 和 N_y，然后分别按纵横两方向的单向条形基础梁进行计算。但是，实际基础是不分开的交叉条形，这样，节点区域的面积在纵横两方向的梁中做了重复计算（基底面积增大了），从而使计算的地基反力比实际地基反力小，使计算结果偏于不安全，所以应进行调整，使地基反力与实际反力大小相一致。

调整方法是先计算因重叠基底面积而引起的基底压力的减小量 Δp，然后增加节点荷载增量 ΔN，使基底反力增加至实际反力大小。具体调整计算如下：

（1）调整前的平均基底压力计算值为（有重叠基底面积）：

$$p = \frac{\sum N}{A + \sum \Delta A} \tag{4-67}$$

式中：$\sum N$ ——基础梁上竖向荷载的总和；

　　　　A ——基础梁支撑总面积；

　　　$\sum \Delta A$ ——基础梁节点处重叠面积之和。

应当指出，在计算柱下交叉条形基础的重叠面积时，应注意不同节点的计算方法：

对于中柱节点、带悬臂的边柱和角柱节点 ［图 4-28(a)、(b)］，重叠面积为：

$$\Delta A_i = b_x \cdot b_y \tag{4-68}$$

对于无悬臂的边柱节点 ［图 4-28(c)］，认为横梁伸至纵梁宽度的 1/2 处，故重叠面积为：

$$\Delta A_i = \frac{1}{2} b_x \cdot b_y \tag{4-69}$$

对于无悬臂的角节点 ［图 4-28(d)］，计算时假定沿横向和纵向的基础梁各伸至对方梁宽的 1/2 处，虽该处重叠面积为 $\frac{1}{4} b_x b_y$，但却有 $\frac{1}{4} b_x b_y$ 梁底的面积未予计算。因此，两者抵消，故重叠面积为零。

$$\Delta A_i = 0 \tag{4-70}$$

式中：ΔA_i ——第 i 节点的重叠面积；

　　　b_x、b_y ——分别为 x、y 方向的基础梁底面宽度。

（2）平均基底压力实际值为（无重叠基底面积）：

$$p^0 = \frac{\sum N}{A} \tag{4-71}$$

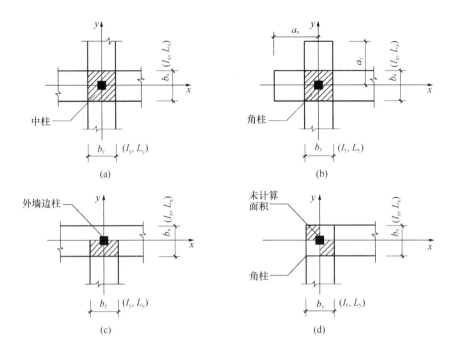

图 4-28　柱下交叉基础重叠面积的计算

（3）基底压力变化量为：

$$\Delta p = p^0 - p = \frac{\sum \Delta A}{A} p \qquad (4\text{-}72)$$

（4）节点 i 处应增加的荷载为：

$$\Delta N_i = \Delta A_i \cdot \Delta p \qquad (4\text{-}73)$$

（5）i 节点在 x、y 两方向应分配的节点力增量：

$$\left. \begin{aligned} \Delta N_{ix} &= \frac{N_{ix}}{N_i} \Delta N_i = \frac{N_{ix}}{N_i} \Delta A_i \cdot \Delta p \\ \Delta N_{iy} &= \frac{N_{iy}}{N_i} \Delta N_i = \frac{N_{iy}}{N_i} \Delta A_i \cdot \Delta p \end{aligned} \right\} \qquad (4\text{-}74)$$

（6）调整后纵横梁的节点荷载分别为：

$$\left. \begin{aligned} N'_{ix} &= N_{ix} + \Delta N_{ix} \\ N'_{iy} &= N_{iy} + \Delta N_{iy} \end{aligned} \right\} \qquad (4\text{-}75)$$

然后根据调整后的节点荷载，在纵、横两方向分别按柱下条形基础进行计算。

4.9 十字交叉条形基础设计实例

4.9.1 基础设计条件

某建筑物基础采用十字交叉条形基础，平面布置图如图 4-29 所示。采用混凝土强度等级 C30，混凝土弹性模量 $E_c=3.0\times10^7\,\mathrm{kN/m}$。$x$ 轴向基础宽度 $b_x=1.4\mathrm{m}$，y 轴向基础宽度 $b_y=0.85\mathrm{m}$，x 方向梁的惯性矩 $I_x=0.029\mathrm{m}^4$，y 方向梁的惯性矩 $I_y=0.0114\mathrm{m}^4$。柱荷载 $N_1=1100\mathrm{kN}$、$N_2=2200\mathrm{kN}$、$N_3=2000\mathrm{kN}$、$N_4=2900\mathrm{kN}$，地基的基床系数 $k_s=5000\mathrm{kN/m}^3$。试按照简化方法计算各节点分配荷载，并进行计算。

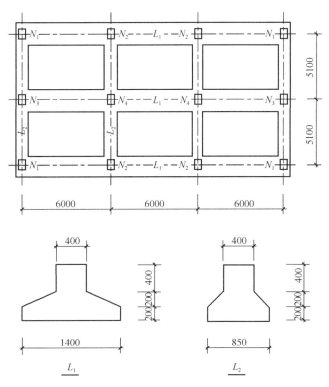

图 4-29 十字交叉基础布置图（单位：mm）

4.9.2 基础设计计算

1. 计算梁的特征长度

梁 L_1：　　$E_c I_x = 3.0\times10^7\times2.9\times10^{-2} = 8.7\times10^5\,\mathrm{kN\cdot m^2}$

$$b_x = 1.4\mathrm{m}$$

$$S_x = \sqrt[4]{\frac{4E_cI_x}{k_sb_x}} = \sqrt[4]{\frac{4 \times 8.7 \times 10^5}{5 \times 10^3 \times 1.4}} = 4.72\text{m}$$

梁 L_2：　$E_cI_y = 3.0 \times 10^7 \times 1.14 \times 10^{-2} = 3.42 \times 10^5 \text{kN} \cdot \text{m}^2$

$$b_y = 0.85\text{m}$$

$$S_y = \sqrt[4]{\frac{4E_cI_y}{k_sb_y}} = \sqrt[4]{\frac{4 \times 3.42 \times 10^5}{5 \times 10^3 \times 0.85}} = 4.24\text{m}$$

2. 计算分配荷载

角柱节点 1：

$$N_{1x} = \frac{b_xS_x}{b_xS_x + b_yS_y}N_1 = \frac{1.4 \times 4.72}{1.4 \times 4.72 + 0.85 \times 4.24} \times 1100 = 712\text{kN}$$

$$N_{1y} = \frac{b_yS_y}{b_xS_x + b_yS_y}N_1 = \frac{0.85 \times 4.24}{1.4 \times 4.72 + 0.85 \times 4.24} \times 1100 = 388\text{kN}$$

边柱节点 2：

$$N_{2x} = \frac{4b_xS_x}{4b_xS_x + b_yS_y}N_2 = \frac{4 \times 1.4 \times 4.72}{4 \times 1.4 \times 4.72 + 0.85 \times 4.24} \times 2200 = 1936\text{kN}$$

$$N_{2y} = \frac{b_yS_y}{4b_xS_x + b_yS_y}N_2 = \frac{0.85 \times 4.24}{4 \times 1.4 \times 4.72 + 0.85 \times 4.24} \times 2200 = 264\text{kN}$$

边柱节点 3：

$$N_{3x} = \frac{b_xS_x}{b_xS_x + 4b_yS_y}N_3 = \frac{1.4 \times 4.72}{1.4 \times 4.72 + 4 \times 0.85 \times 4.24} \times 2000 = 629\text{kN}$$

$$N_{3y} = \frac{4b_yS_y}{b_xS_x + 4b_yS_y}N_3 = \frac{4 \times 0.85 \times 4.24}{1.4 \times 4.72 + 4 \times 0.85 \times 4.24} \times 2000 = 1371\text{kN}$$

角柱节点 4：

$$N_{4x} = \frac{b_xS_x}{b_xS_x + b_yS_y}N_4 = \frac{1.4 \times 4.72}{1.4 \times 4.72 + 0.85 \times 4.24} \times 2900 = 1877\text{kN}$$

$$N_{4y} = \frac{b_yS_y}{b_xS_x + b_yS_y}N_4 = \frac{0.85 \times 4.24}{1.4 \times 4.72 + 0.85 \times 4.24} \times 2900 = 1023\text{kN}$$

3. 分配荷载的修正

$$\Sigma N = 4N_1 + 4N_2 + 2N_3 + 2N_4$$

$$= 4 \times 1100 + 4 \times 2200 + 2 \times 2000 + 2 \times 2900$$

$$- 23000\text{kN}$$

$$\Sigma A = 3 \times b_x \times L + 8(B_1 - b_x)b_y$$
$$= 3 \times 1.4 \times 18.85 + 8 \times (5.1 - 1.4) \times 0.85$$
$$= 104.33 \text{m}^2$$

$$\Sigma \Delta A = 6 \times \frac{1}{2}b_x b_y + 2b_x b_y$$
$$= 6 \times \frac{1}{2} \times 1.4 \times 0.85 + 2 \times 1.4 \times 0.85$$
$$= 5.95 \text{m}^2$$

调整前的平均基底压力计算值为（有重叠基底面积）：

$$p = \frac{\Sigma N}{A + \Sigma \Delta A} = \frac{23000}{104.33 + 5.95} = 208.56 \text{kN/m}^2$$

平均基底压力实际值为（无重叠基底面积）：

$$p^0 = \frac{\Sigma N}{A} = \frac{23000}{104.33} = 220.45 \text{kN/m}^2$$

基底压力变化量为：

$$\Delta p = p^0 - p = 220.45 - 208.56 = 11.89 \text{kN/m}^2$$

节点 1 在 x、y 两方向应分配的节点增量为：

$$\Delta A_1 = 0，\Delta N_1 = 0$$

节点 2 在 x、y 两方向应分配的节点增量为：

$$\Delta N_{2x} = \frac{N_{2x}}{N_2}\Delta N_2 = \frac{N_{2x}}{N_2}\Delta A_2 \cdot \Delta p$$
$$= \frac{1936}{2200} \times \frac{1}{2} \times 1.4 \times 0.85 \times 11.89$$
$$= 6.23 \text{kN}$$

$$\Delta N_{2y} = \frac{N_{2y}}{N_2}\Delta N_2 = \frac{N_{2y}}{N_2}\Delta A_2 \cdot \Delta p$$
$$= \frac{264}{2200} \times \frac{1}{2} \times 1.4 \times 0.85 \times 11.89$$
$$= 0.85 \text{kN}$$

节点 3 在 x、y 两方向应分配的节点增量为：

$$\Delta N_{3x} = \frac{N_{3x}}{N_3}\Delta N_3 = \frac{N_{3x}}{N_3}\Delta A_3 \cdot \Delta p$$

$$= \frac{629}{2000} \times \frac{1}{2} \times 1.4 \times 0.85 \times 11.89$$

$$= 2.22 \text{kN}$$

$$\Delta N_{3y} = \frac{N_{3y}}{N_3} \Delta N_3 = \frac{N_{3y}}{N_3} \Delta A_3 \cdot \Delta p$$

$$= \frac{1371}{2000} \times \frac{1}{2} \times 1.4 \times 0.85 \times 11.89$$

$$= 4.85 \text{kN}$$

节点 4 在 x、y 两方向应分配的节点增量为：

$$\Delta N_{4x} = \frac{N_{4x}}{N_4} \Delta N_4 = \frac{N_{4x}}{N_4} \Delta A_4 \cdot \Delta p$$

$$= \frac{1877}{2900} \times 1.4 \times 0.85 \times 11.89$$

$$= 9.16 \text{kN}$$

$$\Delta N_{4y} = \frac{N_{4y}}{N_4} \Delta N_4 = \frac{N_{4y}}{N_4} \Delta A_4 \cdot \Delta p$$

$$= \frac{1023}{2900} \times 1.4 \times 0.85 \times 11.89$$

$$= 4.99 \text{kN}$$

调整后的纵横梁的节点分配荷载分别为：

节点 1：

$$N'_{1x} = N_{1x} + \Delta N_{1x} = 712 + 0 = 712 \text{kN}$$

$$N'_{1y} = N_{1y} + \Delta N_{1y} = 388 + 0 = 388 \text{kN}$$

节点 2：

$$N'_{2x} = N_{2x} + \Delta N_{2x} = 1936 + 6.23 = 1942.23 \text{kN}$$

$$N'_{2y} = N_{2y} + \Delta N_{2y} = 264 + 0.85 = 264.85 \text{kN}$$

节点 3：

$$N'_{3x} = N_{3x} + \Delta N_{3x} = 629 + 2.22 = 631.22 \text{kN}$$

$$N'_{3y} = N_{3y} + \Delta N_{3y} = 1371 + 4.85 = 1375.85 \text{kN}$$

节点 4：

$$N'_{4x} = N_{4x} + \Delta N_{4x} = 1877 + 9.16 = 1886.16 \text{kN}$$

$$N'_{4y} = N_{4y} + \Delta N_{4y} = 1023 + 4.99 = 1027.99 \text{kN}$$

地基梁计算简图，如图 4-30 所示：

然后根据调整后的节点荷载，在纵、横两方向分别按柱下条形基础进行计算。

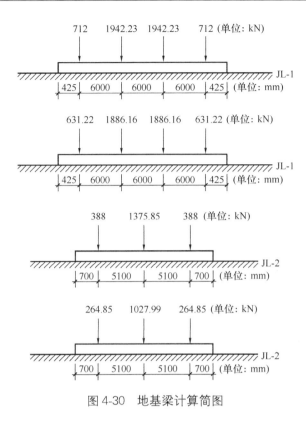

图 4-30 地基梁计算简图

4.10 桩基础设计

房屋建筑的基础设计，应首先考虑利用天然地基并采用浅基础；只是在浅层土质不能满足上部结构对地基承载力和变形的要求时，才考虑利用下部坚实土层作持力层。当必须采用深基础时，常采用桩基。

当高层建筑箱形或筏形基础下天然地基承载力或沉降变形不能满足设计要求时，可采用桩箱基础或桩筏基础。桩的类型应根据工程地质资料、结构类型、荷载性质、施工条件以及经济指标等因素确定。

4.10.1 桩基设计基本要求

1. 防止不均匀沉降

在同一幢建筑物的地基上，不宜采用不同的成桩方法，以防不均匀沉降；同样形式的桩也不宜放在不同的土层上，这也是为了防止不均匀沉降。

2. 桩型的选择

随着桩基施工技术的不断发展，桩型种类日益增多，工艺也日趋成熟。对于某一个工程，往往并非只有某一种桩型可以选用，设计时应根据结构荷载性质、桩的使用功能、地质环境、施工工艺设备、施工队伍水平和经验以及制桩材料供应等条件综合考虑，选择经济合理、安全适用的桩型和成桩工艺。

（1）环境条件

在居民生活、工作区周围应当尽量避免使用锤击、振动法沉桩的桩型。当周围环境存在市政管线或危旧房屋，对挤土效应较敏感时，就不能使用挤土桩；若必须选用预制桩，可采用静力压桩法沉桩，并采取减小挤土效应的措施。

（2）结构荷载条件

荷载的大小是选择桩型时应考虑的重要条件。受建筑物基础下布桩数量的限制，一般建筑层数越多，所需要的单桩承载力就越高。对于预制小方桩、沉管灌注桩，受桩身穿越硬土层能力和机具施工能力的限制，不能提供很大的单桩承载力，因此仅适用于多层、小高层建筑；而对于大直径钻孔（扩底）灌注桩、钢管桩、嵌岩桩等几种桩型，可以提供很大的竖向、侧向单桩承载力，可满足超高层建筑和桥梁、码头的要求。

预应力混凝土管桩不宜用于设防烈度大于7度的地区，且不宜作为抗拔桩。

（3）地质、施工条件

在选择桩型时，还要求所选定的桩型在该地质条件下是可以施工的，而且施工质量是有保证的，能够最大限度地发挥地基和桩身的潜在能力。

不同的打入桩，穿越硬土层的能力是不一样的。工程实践表明，普通钢筋混凝土桩一般只能贯入 $N_{63.5} \leqslant 50$ 击的土层或强风化岩上部浅层；钢管桩可贯入 $N_{63.5} \leqslant 100$ 击的土层或强风化岩；而 H 型钢组合桩则可嵌入 $N_{63.5} \leqslant 160$ 击的风化岩。钻孔灌注桩如要进入卵石层或微风化基岩较大的深度，也都可能给施工队伍现有的技术条件造成较大的障碍。

对于基岩或密实卵砾石层埋藏不深的情况，通常首先考虑桩的端承作用，采用扩底桩。如地下水位较深或覆盖层渗透系数很低，可采用大直径挖孔扩底桩；如需采用钻孔灌注桩，可进而采用后压浆工艺。

当基岩埋藏很深时，则只能考虑摩擦桩或摩擦端承桩；但如果建筑物上部结构要求不能产生过大的沉降，应使桩端支承于具有足够厚度且性能良好的持力层（中密以上的厚砂层或残积土层），这可从静力触探曲线上做出正确判断。

不同的桩型有不同的工艺特点，成桩质量的稳定性也差异较大，一般预制桩的质量稳定性要好于灌注桩。

在自重湿陷性黄土地基中，宜采用干作业法的钻、挖孔灌注桩；桥梁、码头的水上桩基础，宜采用预制桩和钻孔灌注桩。

软土中采用挤土桩、部分挤土桩时，应采取削减孔隙水压力和挤土效应的措施。挤土沉管灌注桩用于饱和软黏土时，为避免挤土效应对已打工程桩的不利影响，应局限于单排条基或桩数较少的独立柱基。

（4）经济条件

桩型的最后选定还要看技术经济指标。技术经济指标除考虑工程桩在内的总造价外，还应考虑承台（基础底板）的造价和整个桩基工程的施工工期，因为桩型也会影响筏板的厚度和工程桩的施工工期。如果某高层采用较低承载力的桩型，需要较多的桩，满堂布桩，就要有较厚的基础底板，将上部荷载传递给桩顶；如果采用高承载力的桩型，只需要较少的桩，布置在墙下或柱下，仅仅需要较薄的基础底板，承受基底的水浮力和土压力。此外，一般项目投资，都需要银行贷款，工期越长，投资回报就越慢，因此缩短工期也可以带来可观的经济效益。在各种桩型当中，预制桩的施工速度要快于钻孔灌注桩。

3. 桩位的布置

当箱形或筏形基础下桩的数量较少时，桩宜布置在墙下、梁板式筏形基础的梁下或平板式筏形基础的柱下。当桩布置在墙下或基础梁下时，筏板的厚度不得小于300mm，且不宜小于板跨的1/20。当箱形或筏形基础需要满堂布桩时，筏板的厚度应满足受冲切承载力的要求。

布置桩位时宜使桩基承载力合力点与竖向永久荷载合力作用点重合。

4. 最小桩距

摩擦桩的中心距不宜小于桩身直径的3倍；扩底灌注桩的中心距不宜小于扩底直径的1.5倍，当扩底直径大于2m时，桩端净距不宜小于1m。在确定桩距时尚应考虑施工工艺中挤土等效应对邻近桩的影响。

5. 桩顶与桩底的锚固

桩顶嵌入箱基或筏基底板内的长度，对于大直径桩，不小于100mm；对于中、小直径的桩，不宜小于50mm。主筋伸入承台内的锚固长度，Ⅰ级钢不宜小于钢筋直径的30倍，Ⅱ、Ⅲ级钢不宜小于钢筋直径的35倍。

桩底进入持力层的深度，根据地质条件、荷载及施工工艺确定，宜为桩身直径的1～3倍，且不宜小于0.5m。

6. 承台与回填

房屋建筑常采用低桩承台。承台及地下室周围的回填土应满足填土密实性的要求。

4.10.2 基桩几何尺寸确定

基桩几何尺寸的确定也应综合考虑各种有关的因素。基桩几何尺寸受桩型的局限，选择桩型的一些影响因素同样也影响基桩几何尺寸的确定；除此之外，还应考虑如下几个方面：

（1）同一结构单元宜避免采用不同桩长的桩

一般情况下，同一基础相邻桩的桩底高差，对于非嵌岩端承型桩，不宜超过相邻桩的中心距；对于摩擦型桩，在相同土层中不宜超过桩长的 1/10。但当同一建筑不同柱墙之间荷载差异较大时，为了控制不均匀沉降，经计算可以采用不同桩长。

（2）选择较硬土层作为桩端持力层

根据土层的竖向分布特征，尽可能选定硬土层作为桩端持力层和下卧层，从而可初步确定桩长，这是桩基础要具备较好的承载变形特性所要求的。强度较高、压缩性较低的黏性土、粉土、中密或密实砂土、砾石土以及中风化或微风化的岩层，是常用的桩端持力层；如果饱和软黏土地基深厚，硬土层埋深过深，也可采用超长摩擦桩方案。

（3）桩端全断面进入持力层的深度

桩端全断面进入持力层的深度，对于黏土、粉土不宜小于 $2d$，砂土不宜小于 $1.5d$，碎石类土不宜小于 $1d$。当存在软弱下卧层时，在桩端以下硬持力层厚度不宜小于 $3d$。当硬持力层较厚且施工条件许可时，桩端全断面进入持力层的深度宜达到桩端阻力的临界深度；如果持力层较薄，下卧层土又较软，要谨慎对待下卧软土层的不利影响，这是由桩端承载性能的深度效应决定的。嵌岩桩的最佳嵌岩深度 $h_k = (3 \sim 6)d$，可以使桩端阻力和嵌岩段的侧阻力均能得到充分发挥。

（4）同一建筑物应该尽量采用相同桩径的桩基

一般情况下，同一建筑物应该尽量采用相同桩径的桩基；但当建筑物基础平面范围内的荷载分布很不均匀时，可根据荷载和地质条件采用不同直径的桩基。各类桩型由于工程实践惯用以及施工设备条件限制等原因，均有其常用的直径，设计时要适当考虑。

（5）考虑经济条件

当所选定桩型为端承桩而坚硬持力层又埋藏不太深时，应尽可能考虑采用大直径（扩底）单桩；对于摩擦桩，则宜采用细长桩，以取得桩侧较大的比表面积，但要满足抗压能力的要求。

4.10.3　桩数确定及其平面布置

1. 单桩承载力确定

单桩竖向极限承载力是指单桩在竖向荷载作用下达到破坏状态前或出现不适于继续承载的变形所对应的最大荷载。确定单桩极限承载力的方法有静载荷试验法、经验参数法、静力计算法、静力触探法、高应变动测法等。本设计只介绍经验参数法。

单桩极限承载力标准值由总桩侧摩阻力和总桩端阻力组成，即：

$$Q_{uk} = Q_{sk} + Q_{pk} = u \sum q_{sik} l_i + A_p q_{pk}$$ (4-76)

建筑物、构筑物使用时允许的桩顶荷载用承载力特征值表示，单桩竖向承载力特征值为：

$$R_a = Q_{uk}/K \tag{4-77}$$

式中：Q_{sk}、Q_{pk}——单桩的总极限侧阻力标准值和总极限端阻力标准值；

q_{sik}、q_{pk}——桩周第 i 层土的极限侧阻力标准值和桩端持力层极限端阻力标准值，如无当地经验时可按表 4-12 选用；

u——桩周长；

l_i——按土层划分的第 i 层土桩长；

K——安全系数，一般取 $K=2$；

A_p——桩身截面面积。

表 4-12 是《建筑桩基技术规范》JGJ 94—2008 给出的混凝土预制桩和灌注桩在常见土层中的摩阻力经验值。这是在对全国各地收集到的几百根试桩资料进行统计分析后得到的。由于全国各地的地基性质差别很大，这些表格用于指导各地的设计时有其局限性，而使用各地方或各区域自己的承载力参数表则更合理些。目前全国许多省市的工程建设规范中已提供了这类参数表。

桩的极限侧阻力标准值 q_{sik}（kPa）   表 4-12

土的名称	土的状态	混凝土预制桩	水下钻（冲）孔桩	干作业钻孔桩
填土		22～30	20～28	22～38
淤泥		14～20	12～18	12～18
淤泥质土		22～30	20～28	20～28
黏性土	$I_L>1$	24～40	21～38	21～38
	$0.75<I_L\leq1$	40～55	38～53	38～53
	$0.5<I_L\leq0.75$	55～70	53～68	53～66
	$0.25<I_L\leq0.5$	70～86	68～84	66～82
	$0<I_L\leq0.25$	86～98	84～96	82～94
	$I_L\leq0$	98～105	96～108	94～106
红黏土	$0.7<\alpha_w\leq1$	13～32	12～30	12～30
	$0.5<\alpha_w\leq0.7$	32～74	30～70	30～70
粉土	$e>0.9$	26～46	24～42	24～42
	$0.75<e\leq0.9$	46～66	42～62	42～62
	$e<0.75$	66～88	62～82	62～82
粉细砂	稍密	24～48	22～46	22～46
	中密	48～66	46～64	46～64
	密实	66～88	64～86	64～86
中砂	中密	54～74	53～75	53～72
	密实	74～95	72～94	72～94

土的名称	土的状态	混凝土预制桩	水下钻（冲）孔桩	干作业钻孔桩
粗砂	中密	74～95	74～95	76～98
	密实	95～116	95～116	98～120
砾砂	稍密	70～110	50～90	60～100
	中密、密实	116～138	116～135	112～130
圆砾	中密、密实	160～200	135～150	135～150
碎石、卵石	中密、密实	200～300	160～175	150～170

注：1. 对于尚未完成自重固结的填土和以生活垃圾为主的杂填土，不计算其侧阻力；

2. $\alpha_w = \omega / \omega_L$ 为含水比。

《建筑桩基技术规范》JGJ 94—2008 还给出了后压浆灌注桩、大直径灌注桩、嵌岩桩、管桩等较为特殊桩型的承载力估算方法。

任何情况下（竖向轴心荷载和竖向偏心荷载），桩数都可按下式估算：

$$n = \mu \frac{F+G}{R} \tag{4-78}$$

式中：F——作用于桩基承台顶面的竖向荷载；

　　　G——桩基承台和承台上土自重；

　　　μ——考虑偏心荷载时各桩受力不均而增加桩数的经验系数，可取 $\mu=$
　　　　　1.0～1.2；

　　　R——单桩承载力设计值。

2. 桩的中心距

《建筑桩基技术规范》JGJ 94—2008 对桩的布置作了如下的规定：桩的最小中心距应符合表 4-13 的规定。对于大面积桩群，尤其是挤土桩，桩的最小中心距宜按表列值适当加大。

桩的最小中心距 表 4-13

土类与成桩工艺		排数不小于 3 排且桩数不小于 9 根的摩擦型桩基	其他情况
非挤土灌注桩		3.0d	2.5d
部分挤土桩		3.5d	3.0d
挤土桩	非饱和土、饱和非黏性土	4.0d	3.5d
	饱和黏性土	4.5d	4.0d
钻、挖孔扩底桩		2D 或 D+1.5m（当 D>2m 时）	1.5D 或 D+1m（当 D>2m 时）

土类与成桩工艺		排数不小于3排且桩数不小于9根的摩擦型桩基	其他情况
沉管夯扩、钻孔挤扩桩	非饱和土、饱和非黏性土	$2.2D$ 且 $4.0d$	$2.0D$ 且 $3.5d$
	饱和黏性土	$2.5D$ 且 $4.5d$	$2.2D$ 且 $4.0d$

注：1. d—圆桩直径或方桩边长；D—扩大端设计直径。

2. 当纵横向桩距不相等时，其最小中心距应满足"其他情况"一栏的规定。

3. 当为端承型桩时，非挤土灌注桩的"其他情况"一栏可减小至 $2.5d$。

3. 桩群的布置

排列基桩时，宜使桩群形心与长期荷载重心重合，并使桩基受水平力和力矩较大方向有较大的抵抗矩。

桩群的布置还应考虑优化基础结构的受力条件，尽量使桩接近于力的作用点，这样就可以避免在各根桩之间由很厚的承台来传递荷载。对于桩箱基础，剪力墙结构桩筏基础，宜将桩布置于墙下；对于大直径桩宜采用一柱一桩；对于框架-核心筒结构桩筏基础，应按荷载分布考虑相互影响，将桩相对集中布置于核心筒与柱下，外围框架柱宜采用复合桩基，有合适桩端持力层时桩长宜减小。

4.10.4 桩身结构强度验算

桩身结构强度验算需考虑整个施工阶段和使用阶段期间的各种最不利受力状态。在许多场合下，对于预制混凝土桩，在吊运和沉桩过程中所产生的内力往往在桩身结构计算中起到控制作用；而灌注桩在施工结束后才成桩，桩身结构设计由使用荷载确定。

1. 按材料强度确定单桩抗压承载力

上部结构的荷载通过桩身传递给桩侧土和桩端以下土层。为了保证荷载传递过程能顺利完成，桩身材料具有足够的强度和稳定性是必要的。对低桩承台下的单桩，理论和经验表明，有土的侧向约束，在竖向压力作用下，桩不会发生压屈失稳；对高桩承台下的单桩，由于地面以上没有侧向约束，则必须考虑桩的压屈稳定问题。

轴心受压钢筋混凝土桩的承载力应满足下式要求，对于偏心受压情况，可参见其他有关专著。

$$N \leqslant \varphi \varphi_c f_c A_p \qquad (4\text{-}79)$$

式中：N——桩顶轴向压力设计值；

φ——稳定系数，对低桩承台，φ 取 1.0，对高桩承台、桩周为可液化土或地基承载力小于 25kPa（或不排水抗剪强度小于 10kPa）的地基土，应考虑屈曲影响，稳定系数 φ 的取值可参照规范的有关规定；

φ_c——基桩混凝土施工工艺系数，对于预制桩、预应力管桩取 0.9，对于干作业非挤土灌注桩取 0.85，对于泥浆护壁和套管护壁非挤土灌注桩、部分挤土灌注桩、挤土灌注桩取 0.7～0.8，对于软土地区挤土灌注桩取 0.6；

f_c——混凝土轴心抗压强度设计值；

A_p——桩身截面面积。

2. 预制桩施工过程桩身结构计算

预制桩在施工过程中最不利的受力状况，主要出现在吊运和锤击沉桩的时候。

预制桩在吊运过程中的受力状态与梁相同，一般按两支点（桩长 $l \leqslant 18\text{m}$ 时）或三支点（桩长 $l \geqslant 18\text{m}$ 时）起吊和运输，在打桩架下竖起时，按一点吊立。吊点的设置应使桩身在自重下产生的正负弯矩相等，如图 4-31 所示。图中最大弯矩计算式中的 q 为桩单位长度的自重；k 为反映桩在吊运过程中可能受到的冲撞和振动影响而采取的动力系数，一般取 $k=1.5$。按吊运过程中引起的内力对预制桩进行配筋验算，通常情况下它对预制的配筋起决定作用。

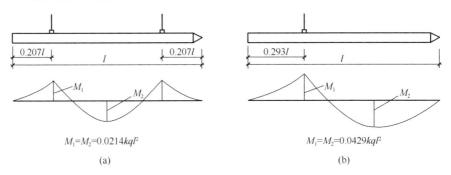

$M_1=M_2=0.0214kql^2$ $\qquad$ $M_1=M_2=0.0429kql^2$

(a) $\qquad\qquad\qquad\qquad$ (b)

图 4-31 预制桩的吊点位置及弯矩图

沉桩常用的有锤击法和静力压桩法两种。静力压桩法在正常的沉桩过程中，其桩身应力一般小于吊运运输过程和使用阶段的应力，故不必验算。

锤击法沉桩在桩身中产生了应力波的传递，桩身受到锤击压应力和拉应力的反复作用，需要进行桩身结构的动应力计算。对于一级建筑桩基、桩身有抗裂要求和处于腐蚀性土质中的打入式预制混凝土桩、钢桩，锤击压应力应小于桩身材料的轴心抗压强度设计值（钢材为屈服强度值），锤击拉应力值应小于桩身材料的抗拉强度设计值。计算分析和工程实践都表明，预应力混凝土桩的主筋常取决于锤击拉应力。

预制桩内的主筋通常都是沿着桩长均匀分布，一般设 4 根（桩截面边长 $a<$

300mm）或 8 根（a＝350～550mm）主筋。主筋直径为 14～25mm。配筋率通过计算确定，一般为 1％左右，最小不得低于 0.8％；采用静压法施工时，最小配筋率不得低于 0.6％。箍筋直径取 6～8mm，间距不大于 200mm。桩身混凝土的强度等级一般不低于 C30，采用静压法施工时可适当降低，但不应低于 C25，打入桩桩顶 2～3d 长度范围内箍筋应加密，并设置钢筋网片。

《预制钢筋混凝土方桩》JC 934—2004、《先张法预应力混凝土管桩》GB 13476—2009 和《先张法预应力混凝土薄壁管桩》JC 888—2001 等规范，给出的配筋均已按桩在吊运、运输、就位过程产生的最大内力进行了强度和抗裂度验算，并满足构造要求。不过在套用其图集时要注意的是，只有当桩身混凝土强度达到设计强度 70％时方可起吊，达到 100％时才能运输。图集还给出了桩身构造的其他一些要求和接桩等施工的规定。当不能满足标准图集或产品所明确的规定与要求时，原则上应根据实际情况验算配筋。

3. 灌注桩

对于轴心受压灌注桩，若计算表明桩身混凝土强度能满足设计要求，受力桩头部分设构造配筋如下：一级建筑桩基，应配置桩顶与承台的连接钢筋笼，其主筋配筋率不小于 0.2％，伸入桩身长度不小于 10 倍桩身直径 d，且不小于承台下软弱土层层底深度；对于三级建筑桩基，还可进一步减少配筋。对于受水平荷载较大的桩、抗拔桩、嵌岩端承桩要通过计算确定配筋量。

对于端承桩、抗拔桩，应沿桩身通长配筋；摩擦型桩的配筋长度不宜小于 2/3 桩长，受水平荷载时（包括受地震作用），配筋长度尚不应小于 4.0/α（α 为桩的变形系数），且应穿过可液化等软弱土层进入稳定土层；对于单桩竖向承载力较高的摩擦端承桩，宜沿深度分段变截面通长配筋；对承受负摩阻力和位于坡地岸边、深基坑内的基桩，应通长配筋。箍筋宜采用Φ 6～8mm@200～300mm 的螺旋式箍筋；受水平荷载较大、抗震桩基、桩身处于液化土层以及计算桩身受压承载力考虑主筋作用时，桩顶 5～10d（软土层取大值）范围内箍筋应适当加密；当钢筋笼长度超过 4m 时，为加强其刚度，应每隔 2m 左右设一道 12～18mm 焊接加劲箍筋。

混凝土强度等级一般不得低于 C20，水下灌注混凝土时则不得低于 C25，混凝土预制桩尖不得低于 C30。为保证桩头具有设计强度，施工时应超灌 50cm 以上，以消除混凝土浇筑面处的浮浆层。主筋的混凝土保护层厚度不应小于 35mm，水下灌注混凝土桩的保护层厚度不得小于 50mm。

4.10.5 承台设计和计算

根据建（构）筑物的体型和桩的布置，常用的承台类型有：柱下独立承台、墙下或柱下条形承台、井格形（十字交叉条形）承台、整片式承台、箱形承台和环形承台等。

承台设计计算的内容包括承台内力计算、配筋和构造要求等。作为一种位于地下的钢筋混凝土构件，承台内力计算包括局部承压强度计算、冲切计算、斜截面抗剪计算和正截面抗弯计算等，必要时还要对承台的抗裂性甚至变形进行验算。在此主要介绍矩形承台的内力计算分析方法，当内力确定后可按《混凝土结构设计规范》GB 50010—2010（2015 年版）进行相应的配筋计算。

1. 承台的正截面抗弯计算

在对承台做正截面抗弯计算时，可将承台视作桩反力作用下的受弯构件进行计算。

（1）柱下独立矩形承台

如图 4-32 所示，计算截面取在柱边和承台高度变化处（杯口外侧或台阶边缘），按下式计算：

$$\left.\begin{array}{l} M_x = \sum N_i y_i \\ M_y = \sum N_i x_i \end{array}\right\} \tag{4-80}$$

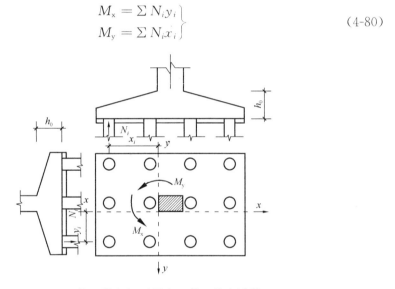

图 4-32　柱下独立矩形承台正截面抗弯计算

式中：M_x、M_y——垂直 x 轴和 y 轴方向计算截面处的弯矩设计值；

x_i、y_i——垂直 y 轴和 x 轴方向自桩轴线到相应计算截面的距离；

N_i——扣除承台和承台上土自重设计值后第 i 桩竖向净反力设计值；当不考虑承台效应时，则为第 i 桩竖向总反力设计值。

（2）箱形、筏形承台

对于箱形承台，当桩端持力层为基岩、密实的碎石类土、砂土，且较均匀时，或当上部结构为剪力墙，或 12 层以上框架，或框架-剪力墙体系且箱形承台的整体刚度较大时，箱形承台顶、底板可仅考虑局部弯曲作用按倒楼盖法计算。对于筏形承台，当桩端持力层坚硬均匀、上部结构刚度较好，且柱荷载及柱间距的变化不超过 20%时，可仅考虑局部弯曲作用按倒楼盖法计算。当桩端以下有中、高压缩性土，非均匀土层，上部结构刚度较差，或柱荷载及柱间距变化较大时，应按弹性地基梁板进行计算。

2. 承台抗冲切计算

在对承台抗冲切计算时，一般有四种情况：柱对承台冲切、角桩对承台冲

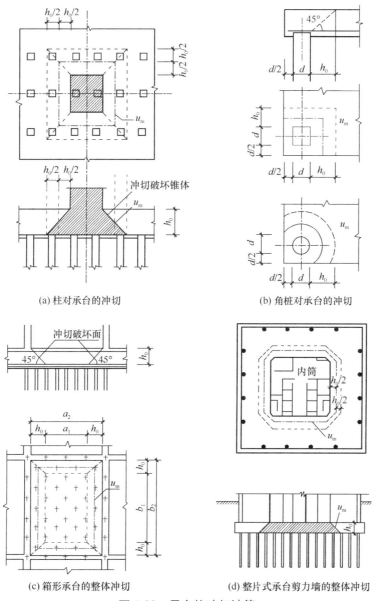

(a) 柱对承台的冲切

(b) 角桩对承台的冲切

(c) 箱形承台的整体冲切

(d) 整片式承台剪力墙的整体冲切

图 4-33　承台抗冲切计算

切、桩筏基础中隔墙对承台冲切和框筒对承台的冲切，分别如图 4-33(a)、(b)、(c)、(d)所示。相应从柱边、角桩边、墙边和筒边按 45°向承台冲切，验算 45°斜面混凝土抗拉强度，可统一按式（4-81）验算。

$$F_1 \leqslant \beta_0 \beta_{hp} f_t u_m h_0 \tag{4-81}$$

式中：F_1——冲切破坏锥体外所有桩净反力设计值 N 的总和，包括桩中心位于冲切锥体底面边界线上的桩反力；

f_t——混凝土轴心抗拉设计强度；

h_0——冲切破坏锥体有效高度；

u_m——距柱（墙）底或桩顶周边处的冲切破坏锥体的平均周长；

β_0——冲切系数，柱对承台冲切系数为 $\beta_0 = \dfrac{0.84}{\lambda + 0.2}$，桩对承台冲切系数

为 $\beta_0 = \dfrac{0.56}{\lambda + 0.2}$；

λ——冲跨比，$\lambda = a_0 / h_0$，a_0 为冲跨，即柱（墙）边或承台变阶处到桩边的水平距离，当 $a_0 < 0.20 h_0$ 时取 $a_0 = 0.2 h_0$，当 $a_0 > h_0$ 时取 $a_0 = h_0$，λ 满足 $0.2 \sim 1.0$；

β_{hp}——受冲切承载力截面高度影响系数，当 $h_0 \leqslant 800\text{mm}$ 时 β_{hp} 取 1.0，当 $h_0 > 2000\text{mm}$ 时 β_{hp} 取 0.9，其余按线性内插法取用。

3. 承台斜截面抗剪计算

如图 4-34 所示，需验算承台通过柱边（墙边）和桩边连线形成的斜截面的抗剪承载力，其计算式如下所示：

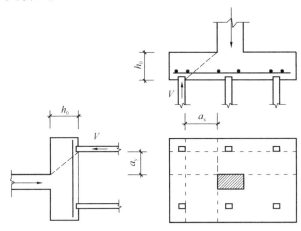

图 4-34　承台斜截面抗剪计算

$$V \leqslant \beta \beta_{hs} f_t b_0 h_0 \tag{4-82}$$

式中：V——扣除承台及其上填土自重后相应于荷载效应基本组合时斜截面的最

大剪力设计值；

b_0——承台计算截面处的计算宽度；

h_0——计算宽度处的承台有效高度；

β——剪切系数，$\beta = \dfrac{1.75}{\lambda + 1.0}$；

λ——计算截面的剪跨比，$\lambda_x = \dfrac{a_x}{h_0}$、$\lambda_y = \dfrac{a_y}{h_0}$，$a_x$、$a_y$ 为柱边或承台变阶处至 x、y 方向计算一排桩的桩边的水平距离，当 $\lambda < 0.3$ 时取 $\lambda = 0.3$，当 $\lambda > 3$ 时取 $\lambda = 3$；

β_{hs}——受剪切承载力截面高度影响系数，$\beta_{hs} = (800/h_0)^{0.25}$，当 $h_0 < 800mm$ 时取 $800mm$，当 $h_0 > 2000mm$ 时取 $2000mm$。

在进行承台斜截面抗剪计算时应注意以下几点：

（1）当柱边(墙边)外有多排桩形成多个剪切斜截面时，需对每个截面进行验算；

（2）对于阶梯形承台应分别在变阶处与柱边处进行斜截面受剪计算；

（3）对于锥形承台需在承台顶斜面与平面交接位置进行斜截面受剪计算；

（4）承台配有箍筋和弯起钢筋时，应根据规范考虑箍筋和弯起钢筋的抗剪承载力。

4. 承台局部受压计算

当承台的混凝土强度等级比柱子或桩的强度等级低时，应按《混凝土结构设计规范》GB 50010—2010（2015 年版）进行承台的局部受压验算。

5. 承台构造要求

桩基承台的构造，除满足抗冲切、抗剪切、抗弯承载力和上部结构的需要外，尚应符合下列要求。

承台的最小宽度不应小于 500mm。边桩中心至承台边缘的距离不宜小于桩的直径或者边长，且桩的外边缘至承台边缘的距离不应小于 150mm；距条形承台梁边缘的距离不应小于 75mm。

承台的最小厚度不应小于 300mm；高层建筑平板式筏形承台的最小厚度不应小于 400mm；梁板式筏形承台，对于 12 层以上建筑，其底板厚度与最大双向板格的短边净跨之比不应小于 1/14，且不应小于 400mm，梁高不宜小于平均柱距的 1/6。

柱下单桩基础，宜按与柱和联系梁的连接构造要求，将联系梁高度范围内桩的圆形截面改变成方形截面。

承台混凝土强度等级应满足结构混凝土耐久性的要求，对设计使用年限为 50 年的承台不应低于 C30。有抗渗要求时，混凝土的抗渗等级应符合有关标准要求。

　　筏形承台板或箱形承台板在计算中当仅考虑局部弯矩作用时，考虑到整体弯曲的影响，在纵横两个方向的支座钢筋（下层钢筋）尚应有 1/2～1/3 且配筋率不小于 0.15％的钢筋贯通全跨配置；跨中钢筋（上层钢筋）应按计算配筋率全部连通。当筏板的厚度大于 2000mm 时，宜在板厚中间部位设置直径不小于 12mm、间距不大于 300mm 的双向钢筋网。

　　桩与承台的连接应符合下列要求：桩嵌入承台内的长度对中等直径桩不宜小于 50mm，对大直径桩不宜小于 100mm；混凝土桩的桩顶纵向主筋应锚入承台内，其锚入长度不宜小于 30 倍主筋直径，对于抗拔桩，桩顶纵向主筋的锚固长度应按《混凝土结构设计规范》GB 50010—2010 确定。

4.11　预制桩基设计实例

4.11.1　设计荷载

　　（1）柱底荷载效应标准组合值如下：

　　Ⓐ轴荷载：$F_k=3130kN$，$M_k=323kN \cdot m$，$V_k=211kN$；

　　Ⓑ轴荷载：$F_k=3970kN$，$M_k=302kN \cdot m$，$V_k=223kN$；

　　Ⓒ轴荷载：$F_k=3950kN$，$M_k=316kN \cdot m$，$V_k=230kN$。

　　（2）柱底荷载效应基本组合值如下：

　　Ⓐ轴荷载：$F=3970kN$，$M=393kN \cdot m$，$V=242kN$；

　　Ⓑ轴荷载：$F=5070kN$，$M=354kN \cdot m$，$V=236kN$；

　　Ⓒ轴荷载：$F=4520kN$，$M=325kN \cdot m$，$V=238kN$。

　　设计Ⓒ轴柱下桩基，Ⓐ、Ⓑ轴柱下仅设计承台尺寸和估算桩数。

4.11.2　地层条件及其参数

　　1. 地形

　　拟建建筑场地地势平坦，局部堆有建筑垃圾。

　　2. 工程地质条件

　　自上而下土层依次如下：

　　①号土层：素填土，层厚 1.5m，稍湿，松散，承载力特征值 $f_{ak}=95kPa$。

　　②号土层：淤泥质土，层厚 3.3m，流塑，承载力特征值 $f_{ak}=65kPa$。

　　③号土层：粉砂，层厚 6.6m，稍密，承载力特征值 $f_{ak}=110kPa$。

　　④号土层：粉质黏土，层厚 4.2m，湿，可塑，承载力特征值 $f_{ak}=165kPa$。

　　⑤号土层：粉砂层，钻孔未穿透，中密-密实，承载力特征值 $f_{ak}=280kPa$。

3. 岩土设计技术参数（表 4-14、表 4-15）

地基岩土物理力学参数　　　　　表 4-14

土层编号	土的名称	孔隙比 e	含水量 W（%）	液性指数 I_L	标准贯入锤击数 N（次）	压缩模量 E_s（MPa）
①	素填土	—	—	—		5.0
②	淤泥质土	1.04	62.4	1.08		3.8
③	粉砂	0.81	27.6	—	14	7.5
④	粉质黏土	0.79	31.2	0.74		9.2
⑤	粉砂层	0.58			31	16.8

桩的极限侧阻力标准值 q_{sk} 和极限端阻力标准值 q_{pk}　　　表 4-15

土层编号	土的名称	桩的侧阻力 q_{sk}	桩的端阻力 q_{pk}
①	素填土	22	—
②	淤泥质土	28	—
③	粉砂	45	—
④	粉质黏土	60	900
⑤	粉砂层	75	2400

4. 水文地质条件

（1）拟建场区地下水对混凝土结构无腐蚀性；

（2）地下水位深度：位于地表下 3.5m。

5. 场地条件

建筑物所处场地抗震设防烈度为 7 度，场地内无可液化砂土、粉土。

4.11.3　预制桩基设计

建筑物基础方案采用混凝土预制桩，具体设计方案如下：室外地坪标高为 −0.45m，自然地面标高同室内地坪标高。该建筑桩基属于丙级建筑桩基，拟采用截面为 400mm×400mm 的混凝土预制方桩，选用⑤号土层粉砂层为持力层，桩尖伸入持力层 1m（对于砂土，桩端全断面进入持力层深度不小于 $1.5d = 600mm$）。设计桩长 15m，初步设计承台高 0.8m，承底面埋置深度 −1.15m，桩顶伸入承台 50mm。

1. 单桩承载力计算

根据以上设计，桩顶标高为 −1.6m，桩底标高为 −16.6m，桩长为 15m。

（1）单桩竖向极限承载力标准值

单桩竖向极限承载力标准值按下式计算：

$$Q_{uk} = Q_{sk} + Q_{pk} = u_p \sum q_{isk} l_i + A_p q_{pk}$$

$$Q_{sk} = 4 \times 0.4 \times (3.2 \times 28 + 6.6 \times 45 + 4.2 \times 60 + 1 \times 75) = 1142kN$$

$$Q_{pk} = 4 \times 0.4 \times 2400 = 384kN$$

$$Q_{uk} = 1142 + 384 = 1526kN$$

（2）基桩竖向承载力特征值计算

承台底部地基位于淤泥质土上，本工程需要考虑承台土效应，但此时尚不确定承台尺寸和桩的布置，暂且不考虑承台效应初步确定桩数，则有：

$$R = R_a = \frac{Q_{uk}}{K} = \frac{1526}{2} = 763kN$$

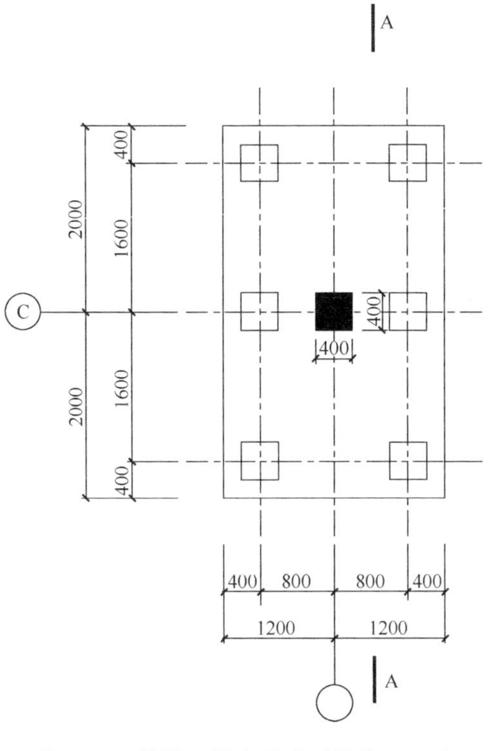

图 4-35　桩数及承台尺寸（单位：mm）

根据上部荷载初步估计桩数为：

$$n = \mu \frac{F_k}{R_a} = 1.1 \times \frac{3950}{763} = 5.7$$

则设计桩数为 6 根。

2. 桩基的验算

根据《建筑桩基技术规范》JGJ 94—2008，当按单桩承载力特征值进行计算时，荷载应取其效应的标准组合值。由于桩基所处场地的抗震设防烈度为 7 度，下面进行地震效应的竖向承载力验算。

根据桩数及承台尺寸构造要求初步设计矩形承台，取承台边长为 2.4m×4m，矩形布桩，桩中心距大于 $4d = 1600mm$，取 1600mm。桩心距承台边缘均为一倍桩径 400mm，如图 4-35 所示，此时承台布置已经确定，对单桩承载力重新确定，即考虑承台效应确定单桩承载力。

$$\frac{S_a}{d} = \frac{1600}{400} = 4$$

$$\frac{B_c}{l} = \frac{2400}{15000} = 0.16 < 0.4$$

取 $\eta_c = 0.15$，按照抗震计算考虑，取 $\zeta_a = 1.0$

$$R = R_a + \frac{\zeta_a}{1.25}\eta_c f_{ak}A_c$$

$$f_{ak} = 65\text{kPa}$$

$$A_c = \frac{2.4 \times 4 - 0.4^2 \times 6}{6} = 1.44\text{m}^2$$

$$R = 763 + \frac{1.0}{1.25} \times 0.15 \times 65 \times 1.44 = 774.23\text{kN}$$

承台及其上填土的自重为

$$G_k = 2.4 \times 4 \times \frac{1.6 + 1.15}{2} \times 20 = 264\text{kN}$$

计算时取荷载的标准组合，则

$$N_k = \frac{F_k + G_k}{n} = \frac{3950 + 264}{6} = 702.33\text{kN} < R = 774.23\text{kN}$$

$$N_{kmax} = N_k + \frac{M_{ymax}}{\sum y^2} = 702.33 + \frac{(230 \times 0.8 + 316) \times 1.6}{4 \times 1.6^2} = 780.5\text{kN}$$

$$N_{kmin} = N_k - \frac{M_{ymax}}{\sum y^2} = 702.33 - \frac{(230 \times 0.8 + 316) \times 1.6}{4 \times 1.6^2} = 624.2\text{kN}$$

因此，

$$N_{kmax} = 780.5\text{kN} < 1.2R(1.2 \times 774.23 = 929.08\text{kN})$$

$$N_{kmin} = 624.2\text{kN} > 0$$

满足要求，故初步设计是合理的。

3. 承台设计

根据以上桩基设计及构造要求，承台尺寸为 $2.4\text{m} \times 4\text{m}$，初步设计承台厚 0.8m（图 4-36），承台混凝土选用 C30，$f_t = 1.43\text{N/mm}^2$、$f_c = 14.3\text{N/mm}^2$，承台钢筋选用 HRB335 级的，$f_y = 300\text{N/mm}^2$。

（1）承台内力计算

承台内力计算荷载采用荷载效应基本组合值，则基桩静反力设计值为：

$$N'_{min} = \frac{F}{n} - \frac{M_y y_i}{\sum y_i^2} = \frac{4520}{6} - \frac{(325 + 238 \times 0.8) \times 1.6}{4 \times 1.6^2} = 753.33 - 80.53$$

$$= 672.80\text{kN}$$

$$\overline{N}' = \frac{F}{n} = \frac{4520}{6} = 753.33\text{kN}$$

（2）承台厚度及受冲切承载力验算

为防止承台产生冲切破坏，承台应具有一定的厚度，初步设计承台厚 0.8m，承台保护层 50mm，则 $h_0 = 800 - 60 = 740\text{mm}$，分别对柱边冲切和角桩冲切进行计算，以验算承台厚度的合理性。

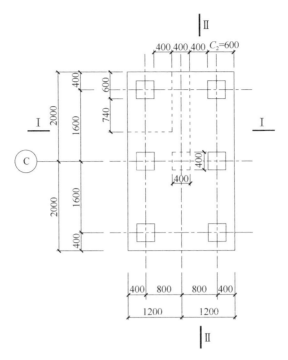

图 4-36　承台斜截面抗剪计算（单位：mm）

1）柱对承台冲切

承台受柱冲切的承载力应满足下式：

$$F_l \leqslant 2[\beta_{0x}(b_c + a_{0y}) + \beta_{0y}(h_c + a_{0x})]\beta_{hp}f_th_0 \qquad (4\text{-}83)$$

由 $F_l = F - \sum N_i = 4520 - 0 = 4520\text{kN}$ ，则冲跨比为：

$$\lambda_{0x} = \frac{a_{0x}}{h_0}$$

$$\lambda_{0x} = \frac{a_{0x}}{h_0} = \frac{0.4}{0.74} = 0.54$$

$$\lambda_{0y} = \frac{a_{0y}}{h_0} = \frac{1.0}{0.74} = 1.35 > 1.0$$

取 $\lambda_{0y} = 1.0$

冲切系数为：

$$\beta_{0x} = \frac{0.84}{\lambda_{0x} + 0.2} = \frac{0.84}{0.54 + 0.2} = 1.14$$

$$\beta_{0y} = \frac{0.84}{\lambda_{0y} + 0.2} = \frac{0.84}{1.0 + 0.2} = 0.7$$

则　　　$2[\beta_{0x}(b_c + a_{0y}) + \beta_{0y}(h_c + a_{0x})]\beta_{hp}f_th_0$

$$= 2 \times [1.14 \times (0.4 + 1) + 0.7 \times (0.4 + 0.4)] \times 1 \times 1430 \times 0.74$$

$$= 4563\text{kN} > F_l(= 4520\text{kN})$$

故厚度为 0.8m 的承台能够满足柱对承台的冲切要求。

2）角桩冲切验算

承台受角桩的承载力应满足下式：

$$N_l \leqslant \left[\beta_{1x}\left(c_2 + \frac{a_{1y}}{2} \right) + \beta_{1y}\left(c_1 + \frac{a_{1x}}{2} \right) \right] \beta_{hp} f_t h_0 \tag{4-84}$$

由于 $N_l = N'_{max} = 833.86\text{kN}$，从角桩内边缘至承台外边缘距离为：

$$c_1 = c_2 = 0.6\text{m}$$
$$a_{1x} = 0.4\text{m}$$
$$a_{1y} = 0.74\text{m}$$
$$\lambda_{1x} = \frac{a_{1x}}{h_0} = \frac{0.4}{0.74} = 0.54$$
$$\lambda_{1y} = \frac{a_{1y}}{h_0} = \frac{0.74}{0.74} = 1.0$$
$$\beta_{1x} = \frac{0.56}{\lambda_{1x} + 0.2} = \frac{0.56}{0.54 + 0.2} = 0.76$$
$$\beta_{1y} = \frac{0.56}{\lambda_{1y} + 0.2} = \frac{0.56}{1.0 + 0.2} = 0.47$$

$$\left[\beta_{1x}\left(c_2 + \frac{a_{1y}}{2} \right) + \beta_{1y}\left(c_1 + \frac{a_{1x}}{2} \right) \right] \beta_{hp} f_t h_0$$
$$= \left[0.76 \times \left(0.6 + \frac{0.74}{2} \right) + 0.47 \times \left(0.6 + \frac{0.4}{2} \right) \right] \times 1 \times 1430 \times 0.74$$
$$= 1178\text{kN} > N'_{max}(= 833.86\text{kN})$$

故设计厚度为 0.8m 的承台能够满足角桩对承台的冲切要求。

（3）承台受剪承载力验算

承台剪切破坏发生在柱边与桩边连线所形成的斜面处，对于Ⅰ-Ⅰ截面，

$$\lambda_{0y} = \frac{a_{0y}}{h_0} = \frac{1.0}{0.74} = 1.35 \text{（介于 0.25~3 之间）}$$

剪切系数为：

$$\alpha = \frac{1.75}{\lambda + 1} = \frac{1.75}{1.35 + 1} = 0.74$$

受剪切承载力高度影响系数计算：由于 $h_0 = 740\text{mm} < 800\text{mm}$，取受剪切承载力高度影响系数 $\beta_{hs} = 1$。

Ⅰ-Ⅰ截面剪力为：

$$V = 2N'_{max} = 2 \times 833.86 = 1167.72\text{kN}$$

则

$$\beta_{hs}\alpha f_t b_0 h_0 = 1 \times 0.74 \times 1.43 \times 10^3 \times 2.4 \times 0.74$$
$$= 1879.36\text{kN} > V = 1167.72\text{kN}$$

故满足抗剪要求。

（4）承台受弯承载力计算

对于 Ⅰ-Ⅰ 截面，取基桩净反力最大值 $N'_{max} = 833.86\text{kN}$，进行计算，则

$$y_i = 1600 - 200 = 1400\text{mm} = 1.4\text{m}$$

$$M_x = \sum N_i y_i = 2 \times 833.86 \times 1.4 = 2334.81\text{kN}$$

$$A_{s1} = \frac{M_x}{0.9 f_y h_0} = \frac{2334.81 \times 10^6}{0.9 \times 300 \times 740} = 11686\text{mm}^2$$

因此，承台长边方向选用 $\Phi25@100$，则钢筋根数为：

$$n = \frac{2400}{100} + 1 = 25$$

取 $25\,\Phi\,25@100$，实配钢筋 $A_s = 12272\text{mm}^2$，

配筋率：$\rho = \dfrac{A_s}{bh} \times 100\% = \dfrac{12272}{800 \times 2400} \times 100\% = 0.64\% > 0.15\%$

满足要求。

对于 Ⅱ-Ⅱ 截面，取基桩净反力平均值 $\overline{N'} = 753.33\text{kN}$ 进行计算（沿长边方向布筋，钢筋垂直短边方向）。

此时

$$h_0 = 800 - 80 = 720\text{mm}$$

$$x_i = 800 - 200 = 600\text{mm} = 0.6\text{m}$$

则

$$M_y = \sum N_i x_i = 3 \times 753.33 \times 0.6 = 1356\text{kN}$$

$$A_{s2} = \frac{M_y}{0.9 f_t h_0} = \frac{1356 \times 10^6}{0.9 \times 300 \times 720} = 6975\text{mm}^2$$

因此，承台短边方向选用 $\Phi18@150$，则钢筋根数为：

$$n = \frac{4000}{150} + 1 = 28$$

则取 $28\,\Phi\,18@150$，实配钢筋面积 $A_s = 7125\text{mm}^2$，配筋率为 $\rho = \dfrac{A_s}{bh} \times 100\%$ $= \dfrac{7125}{800 \times 4000} \times 100\% = 0.22\% > 0.15\%$，满足要求。

承台配筋图如图 4-37 所示。

（5）承台构造设计

混凝土桩桩顶伸入承台长度为 50mm。两承台间设置连系梁，梁顶面标高 -0.8m，与承台顶平齐，根据构造要求，梁宽 250mm，梁高 400mm，梁内主筋上下共 $4\Phi12$ 通长配筋，箍筋采用 $\Phi8@200$。承台底做 C10 素混凝土垫层，垫层挑出承台边缘 100mm。

4. 桩身结构设计

预制桩的桩身混凝土采用 C30 的等级，钢筋选用 HRB335 级。

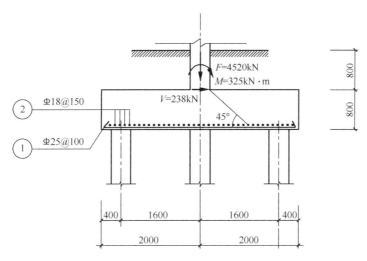

图 4-37 承台配筋图（单位：mm）

根据《建筑桩基技术规范》JGJ 94—2008 第 5.8.2 条的规定，桩顶轴向压力应符合下列规定：

$$N_{\max} \leqslant \varphi \psi_c f_c A_{ps} \qquad (4\text{-}85)$$

$$
\begin{aligned}
N_{\max} &= \frac{F+G}{n} = \frac{M_y y_i}{\sum y_i^2} \\
&= \frac{4520 + 264 \times 1.2}{6} + \frac{(325 + 238 \times 0.8) \times 1.6}{4 \times 1.6^2} \\
&= 886.66 \text{kN}
\end{aligned}
$$

计算桩身轴心抗压强度时，一般不考虑压屈影响，取稳定系数 $\varphi=1$；对于预制桩，基桩施工工艺系数 $\psi_c=0.85$；C30 混凝土，$f_c=14.3\text{N/mm}^2$。

则

$$\varphi \psi_c f_c A = 1 \times 0.85 \times 14.3 \times 10^6 \times 0.4^2 = 1994.8\text{kN} > N_{\max}(=886.66\text{kN})$$

故桩身轴向承载力满足要求。

5. 桩身配筋设计

桩身按构造配筋，选 8Φ14 的 HRB335 级钢筋通长配筋，箍筋选用 Φ6 的 HPB335 级钢筋，间距 200mm，距桩顶 2m 范围内间距 50mm，距桩顶 2~4m 范围内间距 100mm。采用打入法沉桩，桩顶设置三层 Φ6@50 钢筋网，层距 50mm，桩尖所有主筋应焊接在一根圆钢上，桩尖 0.6m 范围内箍筋加密，间距 50mm，桩身主筋混凝土保护层 30mm。

6. 吊装验算

由于桩的长度不大，桩身吊装时采用两点起吊（桩长小于 18m），吊点位置如图 4-38 所示。

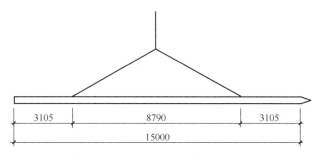

图 4-38　吊点位置图（单位：mm）

起吊位置距离两端距离为：

$$a = 0.207l = 0.207 \times 15 = 3.015\text{m}$$

则起吊时桩身最大弯矩为：

$$M_1 = 0.0214kql^2 = 0.0214 \times 1.3 \times (0.4^2 \times 25) \times 15^2$$
$$= 25.04\text{kN} \cdot \text{m}$$

桩身配筋验算：混凝土采用 C30 级，钢筋采用 HRB335 级，则 $f_c = 14.3\text{N/mm}^2$、$f_y = 300\text{N/mm}^2$、$b = 400\text{mm}$、$h_0 = 400 - 40 = 360\text{mm}$，每边配 3 Φ 14，$A_s = 461\text{mm}^2$，则

$$x = \frac{f_y A_s}{\alpha_1 f_c b} = \frac{300 \times 461}{1.0 \times 14.3 \times 400} = 24.18\text{mm}$$

$$M_u = \alpha_1 f_c b x \left(h_0 - \frac{x}{2} \right)$$

$$= 1.0 \times 14.3 \times 400 \times 24.18 \times \left(360 - \frac{24.18}{2} \right)$$

$$= 48.12\text{kN} \cdot \text{m}$$

所以

$$M_u > M_1$$

故桩身配筋满足吊装要求。

7. 估算Ⓐ，Ⓑ轴线柱下桩数

（1）桩数估算

设计Ⓐ，Ⓑ轴线下桩基础的方法与Ⓒ轴线下相同，单桩极限承载力标准值为 1526kN，基桩竖向承载力特征值为 763kN。

Ⓐ轴柱下荷载标准组合值为 $F_k = 3130\text{kN}$、$M_k = 323\text{kN} \cdot \text{m}$、$V_k = 211\text{kN}$。

根据Ⓐ轴荷载初步估计轴柱下桩数，即

$$n = \mu \frac{F_k}{R_a} = 1.1 \times \frac{3130}{763} = 4.5$$

则Ⓐ轴下设计桩数为 5 根。

ⓒ轴柱下荷载标准组合值 $F_k=2970kN$、$M_k=238kN \cdot m$、$V_k=153kN$。

根据ⓒ轴荷载初步估计轴柱下桩数，即

$$n = \mu \frac{F_k}{R_a} = 1.1 \times \frac{3970}{763} = 5.7$$

则Ⓑ轴下设计桩数为6根。

（2）承台平面尺寸确定

根据估算的桩数和承台构造要求，设计Ⓐ轴线下承台平面尺寸为 3.1m×3.1m，桩中心距取 1.6m，桩心与承台边缘距离为 0.4m；设计Ⓑ轴线下承台平面尺寸为 2.4m×4m，桩中心距取 1.6m，桩心与承台边缘距离为 0.4m。

Ⓐ、Ⓑ轴承台布置如图 4-39 所示。

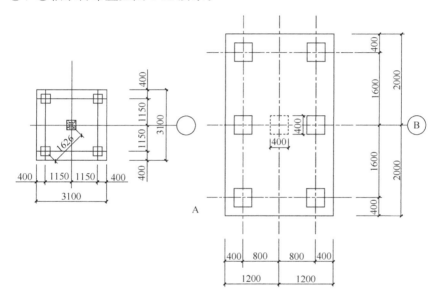

图 4-39　承台布置图（单位：mm）

4.12　浅基础和桩基础课程设计任务书

4.12.1　设计任务

本设计对象为多层现浇框架结构，其上部结构设计已经完成，本课程设计的任务之一是所给现浇结构的柱下独立基础的设计与验算，任务之二是完成所给结构的柱下桩基础的设计与验算。要求同学按给定的条件完成相关的设计和计算工作，具体要求如下：

（1）综合分析设计任务一，对常用的浅基础类型的技术合理性进行比较，选择较为合理的基础方案（限于课时，本次课程设计不考虑造价因素）。

（2）综合分析设计任务二，对柱下桩基的形式进行合理选择（限于课时，本次课程设计不考虑造价因素）。

（3）对选定的基础方案进行详细设计（包括纵向受力钢筋、箍筋和构造钢筋等的配置）。

（4）将以上全部成果整理成设计计算书。

计算书应有详细的手算过程；要求计算过程完整、计算步骤清楚、文字简明、符号规范和版面美观，计算书用 A4 纸张，和设计资料任务书一起装订成册，图纸采用 A4 幅面 AutoCAD 电绘图纸，要求表达正确、布局合理和尺寸齐全；最后，课程设计结束时，应将计算书和图纸一起交给指导老师评阅。

4.12.2　设计资料

1. 设计任务一

（1）工程地质条件

①号土层：杂填土，层厚约 0.5m，含部分建筑垃圾。

②号土层：粉质黏土，厚度 1.2m，软塑，潮湿，承载力特征值 $f_{ak}=130kPa$。

③号土层：黏土，层厚 1.5m，可塑，稍湿，承载力特征值 $f_{ak}=180kPa$。

④号土层：细砂，层厚 2.7m，中密，承载力特征值 $f_{ak}=240kPa$。

⑤号土层：强风化砂质泥岩，厚度未揭露，承载力特征值 $f_{ak}=300kPa$。

（2）岩土设计技术参数

地基岩土物理力学参数见表 4-16。

地基岩土物理力学参数　　　　　　　　　　表 4-16

土层编号	土的名称	重度 γ	孔隙比 e	液性指数 I_L	黏聚力 c（kPa）	内摩擦角 φ（°）	压缩模量 E_s（MPa）	标准贯入锤击数 N
①	杂填土	18	—	—	—	—	—	—
②	粉质黏土	20	0.65	0.84	34	13	7.5	6
③	黏土	19.4	0.58	0.78	25	23	8.2	11
④	细砂	21	0.62	—	—	30	11.6	16
⑤	强风化砂质泥岩	22	—	—	—	—	18	22

（3）水文地质条件

1）拟建场区地下水对混凝土结构无腐蚀性；

2）地下水位深度：位于地表下 1.5m。

（4）上部结构资料

拟建建筑物为多层全现浇框架结构，框架柱截面尺寸为 $500mm \times 500mm$。

室外地坪标高同自然标高，室内外高差 450mm，柱网布置如图 4-40 所示。

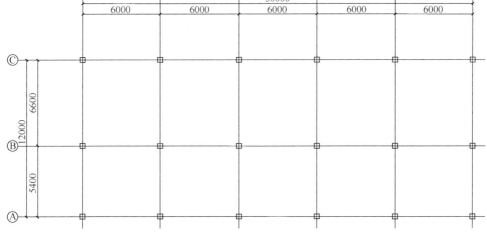

图 4-40 柱网布置示意图（单位：mm）

（5）混凝土强度等级为 C25～C30，钢筋采用 HPB300、HRB335 级。

（6）上部结构荷载作用

上部结构作用在柱底的荷载效应标准组合值为：

A 轴：$F_k = (1150 + n + m)$kN，$M_k = (210 + n + m)$kN・m，$V_k = (71 + n + m)$kN；

B 轴：$F_k = (1815 + n + m)$kN，$M_k = (175 + n + m)$kN・m，$V_k = (73 + n + m)$kN；

C 轴：$F_k = (1370 + n + m)$kN，$M_k = (271 + n + m)$kN・m，$V_k = (67 + n + m)$kN。

上部结构作用在柱底的荷载效应基本组合值为：

A 轴：$F = (1469 + n + m)$kN，$M = (274 + n + m)$kN・m，$V = (93 + n + m)$kN；

B 轴：$F = (2360 + n + m)$kN，$M = (228 + n + m)$kN・m，$V = (95 + n + m)$kN；

C 轴：$F = (1782 + n + m)$kN，$M = (353 + n + m)$kN・m，$V = (88 + n + m)$kN。

上述组合值中的 n 为纵向轴线编号，m 为自己学号后两位。

2. 设计任务二

（1）地层条件及其参数（表 4-17）

地基岩土物理力学参数 表 4-17

土层编号	土的名称	厚度 (m)	含水率 (%)	孔隙比 e	液性指数 I_L	桩侧阻力 q_{sk} (kPa)	桩端阻力 q_{pk} (kPa)	压缩模量 E_s (MPa)	标准贯入锤击数 N
①	杂填土	2	—	—	—	22	—	5	—
②	淤泥质土	4.5	62.4	1.04	0.84	28	13	3.8	—
③	粉砂	6	27.6	0.81	0.78	45	23	7.5	14
④	粉质黏土	5.4	31.2	0.79	—	60	900	9.2	—
⑤	粉砂岩	10	—	0.58	—	75	2400	16.8	31

（2）水文地质条件

1）拟建场地地下水对混凝土结构无腐蚀性；

2）地下水位深度：位于地表下 3.5m。

（3）场地条件

建筑物所处场地抗震设防烈度为 7 度，场地内无可液化砂土、粉土。

（4）上部结构资料

拟建建筑物为六层钢筋混凝土框架结构，长 30m、宽 9.6m，室外地坪标高同自然地面，室内外高差为 450mm，柱截面尺寸均为 400mm×400mm，横向承重，柱网布置如图 4-41 所示。

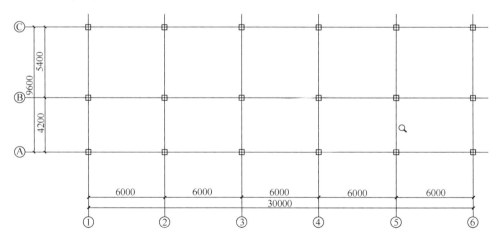

图 4-41 柱网布置示意图（单位：mm）

（5）混凝土强度等级为 C25～C30，钢筋采用 HPB300、HRB335 级。

（6）上部结构荷载作用

柱底荷载效应标准组合值为：

A 轴荷载：$F_k = (1256 + n + m)\text{kN}$，$M_k = (172 + n + m)\text{kN} \cdot \text{m}$，$V_k = (123 + n + m)\text{kN}$

B 轴荷载：$F_k = (1765 + n + m)\text{kN}$，$M_k = (169 + n + m)\text{kN} \cdot \text{m}$，$V_k = (130 + n + m)\text{kN}$

C 轴荷载：$F_k = (1564 + n + m)\text{kN}$，$M_k = (197 + n + m)\text{kN} \cdot \text{m}$，$V_k = (112 + n + m)\text{kN}$

柱底荷载效应基本组合值为：

A 轴荷载：$F = (158 + n + m)\text{kN}$，$M = (198 + n + m)\text{kN} \cdot \text{m}$，$V = (150 + n + m)\text{kN}$

B 轴荷载：$F = (2630 + n + m)\text{kN}$，$M = (205 + n + m)\text{kN} \cdot \text{m}$，$V = (140 + n + m)\text{kN}$

C 轴荷载：$F = (1910 + n + m)\text{kN}$，$M = (241 + n + m)\text{kN} \cdot \text{m}$，$V = (138 + n + m)\text{kN}$

上述组合值中的 n 为纵向轴线编号，m 为自己学号后两位。

4.12.3 设计成果与要求

（1）确定基础类型，并进行承载力验算，绘制施工图（电绘）。

（2）桩的单桩竖向极限承载力标准值、基桩竖向承载力特征值和桩基竖向承载力的验算；承台的设计计算（承台内力、冲切、受剪、受弯和配筋计算），绘制施工图（电绘）。

（3）计算书可用 Word 进行排版，也可以手写。

4.12.4 设计依据及参考书

（1）中华人民共和国住房和城乡建设部. 建筑地基基础设计规范 GB 50007—2011 [S]. 北京：中国计划出版社，2012.

（2）莫海鸿，杨小平. 基础工程（第四版）[M]. 北京：中国建筑工业出版社，2019.

（3）王晓谋. 基础工程 [M]. 北京：人民交通出版社，2010.

（4）赵明华，徐学燕. 基础工程 [M]. 北京：高等教育出版社，2003.

（5）李克训，罗书学. 基础工程 [M]. 北京：中国铁道出版社，2000.

（6）建标库软件，可以浏览各种规范，可自行百度下载。

附录 A 双向板弯矩、挠度计算系数

符号说明：

B_c——刚度，$B_c = \dfrac{Eh^3}{12(1-\upsilon^2)}$，其中，$E$——弹性模量；$h$——板厚；

υ——泊桑比。

f、f_{max}——板中心点的挠度和最大挠度。

f_{01}、f_{02}——平行于 l_{01} 和 l_{02} 方向自由边的中点挠度。

m_{01}、$m_{01,max}$——平行于 l_{01} 方向板中心点单位板宽内的弯矩和板跨内最大弯矩。

m_{02}、$m_{02,max}$——平行于 l_{02} 方向板中心点单位板宽内的弯矩和板跨内最大弯矩。

m_{01}、m_{02}——平行于 l_{01} 和 l_{02} 方向自由边的中点单位板宽内的弯矩。

m'_1——固定边中点沿 l_{01} 方向单位板宽内的弯矩。

m'_2——固定边中点沿 l_{02} 方向单位板宽内的弯矩。

‖‖‖‖‖‖‖‖‖ 代表固定边；— — — — — — 代表简支边。

正负号的规定：

弯矩——使板的受荷面受压者为正；

挠度——变位方向与荷载方向相同者为正。

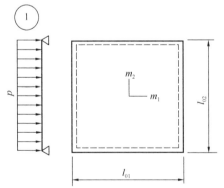

挠度＝表中系数×$\dfrac{pl_{01}^4}{B_c}$；

$\upsilon=0$，弯矩＝表中系数×pl_{01}^2；

这里 $l_{01}<l_{02}$。

四边简支　　　　　　　　　　　　　　　　　表 A-1

l_{01}/l_{02}	f	m_1	m_2	l_{01}/l_{02}	f	m_1	m_2
0.50	0.01013	0.0966	0.0174	0.80	0.00603	0.0561	0.0334
0.55	0.00940	0.892	0.0210	0.85	0.00547	0.0506	0.0348
0.60	0.00667	0.082	0.0242	0.90	0.00496	0.0456	0.0358
0.65	0.00796	0.0750	0.0271	0.95	0.00449	0.0410	0.0364
0.70	0.00727	0.0683	0.0296	1.00	0.00406	0.0368	0.0368
0.75	0.00663	0.0620	0.0371				

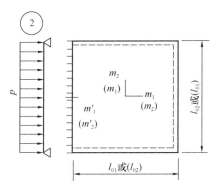

挠度＝表中系数×$\dfrac{pl_{01}^4}{B_c}\left(\text{或}\times\dfrac{p(l_{01})^4}{B_c}\right)$；

$\nu=0$，弯矩＝表中系数×pl_{01}^2［或×$p(l_{01})^2$］；

这里 $l_{01}<l_{02}$，$(l_{01})<(l_{02})$。

三边简支一边固定　　　　　　　　　表 A-2

l_{01}/l_{02}	$(l_{01})/(l_{02})$	f	$f_{\max}$	m_1	$m_{1\max}$	m_2	$m_{2\max}$	m_1' 或 (m_2')
0.50		0.00488	0.00504	0.0583	0.0646	0.0060	0.0063	−0.1212
0.55		0.00471	0.00492	0.0563	0.0618	0.0081	0.0087	−0.1187
0.60		0.00453	0.00472	0.0539	0.0589	0.0104	0.0111	−0.1158
0.65		0.00432	0.00448	0.0513	0.0559	0.0126	0.0133	−0.1124
0.70		0.00410	0.00422	0.0485	0.0529	0.0148	0.0154	−0.1087
0.75		0.00388	0.00399	0.0457	0.0496	0.0168	0.0174	−0.1048
0.80		0.00365	0.00376	0.0428	0.0463	0.0187	0.0193	−0.1007
0.85		0.00343	0.00352	0.0400	0.0431	0.0204	0.0211	−0.0965
0.90		0.00321	0.00329	0.0372	0.0400	0.0219	0.0226	−0.0922
0.95		0.00299	0.00306	0.0345	0.0369	0.0232	0.0239	−0.0880
1.00	1.00	0.00279	0.00285	0.0319	0.0340	0.0243	0.0249	−0.0839
	0.95	0.00316	0.00324	0.0324	0.0345	0.0280	0.0287	−0.0882
	0.90	0.00360	0.00368	0.0328	0.0347	0.0322	0.0330	−0.0926
	0.85	0.00409	0.00417	0.0329	0.0347	0.0370	0.0378	−0.0970
	0.80	0.00464	0.00473	0.0326	0.0343	0.0424	0.0433	−0.1014
	0.75	0.00526	0.00536	0.0319	0.0335	0.0485	0.0494	−0.1056
	0.70	0.00595	0.00605	0.0308	0.0323	0.0553	0.0562	−0.1096
	0.65	0.00670	0.00680	0.0291	0.0306	0.0627	0.0637	−0.1133
	0.60	0.00752	0.00762	0.0268	0.0289	0.0707	0.0717	−0.1166
	0.55	0.00838	0.00848	0.0239	0.0271	0.0792	0.0801	−0.1193
	0.50	0.00927	0.00935	0.0205	0.0249	0.0880	0.0888	−0.1215

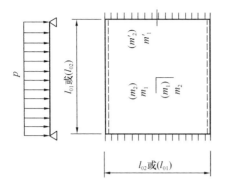

挠度＝表中系数×$\dfrac{pl_{01}^4}{B_c}$ $\left[\text{或}×\dfrac{p(l_{01})^4}{B_c}\right]$;

$\nu=0$，弯矩＝表中系数×pl_{01}^2 $\left[\text{或}×p\ (l_{01})^2\right]$;

这里$l_{01}<l_{02}$，$(l_{01})<(l_{02})$。

对边简支、对边固定　　　　　　　　　　表 A-3

l_{01}/l_{02}	$(l_{01})/(l_{02})$	f	m_1	m_2	m_1' 或(m_2')
0.50		0.00261	0.0416	0.0017	−0.0843
0.55		0.00259	0.0410	0.0028	−0.0840
0.60		0.00255	0.0402	0.0042	−0.0834
0.65		0.00250	0.0392	0.0057	−0.0826
0.70		0.00243	0.0379	0.0072	−0.0814
0.75		0.00236	0.0366	0.0088	−0.0799
0.80		0.00228	0.0351	0.0103	−0.0782
0.85		0.00220	0.0335	0.0118	−0.0763
0.90		0.00211	0.0319	0.0133	−0.0743
0.95		0.00201	0.0302	0.0148	−0.0721
1.00	1.00	0.00192	0.0285	0.0158	−0.0698
	0.95	0.00223	0.0296	0.0189	−0.0746
	0.90	0.00260	0.0306	0.0224	−0.0797
	0.85	0.00303	0.0314	0.0266	−0.0850
	0.80	0.00354	0.0319	0.0316	−0.0904
	0.75	0.00413	0.0321	0.0374	−0.0959
	0.70	0.00482	0.0318	0.0441	−0.1013
	0.65	0.00560	0.0308	0.0518	−0.1066
	0.60	0.00647	0.0292	0.0604	−0.1114
	0.55	0.00743	0.0267	0.0698	−0.1156
	0.50	0.00844	0.0234	0.0798	−0.1191

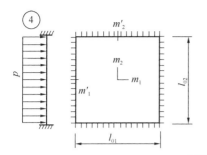

挠度＝表中系数 $\times \dfrac{pl_{01}^4}{B_c}$；

$\nu=0$，弯矩＝表中系数 $\times pl_{01}^2$；

这里 $l_{01} < l_{02}$。

四边固定   表 A-4

l_{01}/l_{02}	f	m_1	m_2	m_2'	m_2'
0.50	0.00253	0.0400	0.0038	−0.0829	−0.0570
0.55	0.00246	0.0385	0.0056	−0.0814	−0.0571
0.60	0.00236	0.0367	0.0076	−0.0793	−0.0571
0.65	0.00224	0.0345	0.0095	−0.0766	−0.0571
0.70	0.00211	0.0321	0.0113	−0.0735	−0.0569
0.75	0.00197	0.0296	0.0130	−0.0701	−0.0565
0.80	0.00182	0.0271	0.0144	−0.0664	−0.0559
0.85	0.00168	0.0246	0.0156	−0.0626	−0.0551
0.90	0.00153	0.0221	0.0165	−0.0588	−0.0541
0.95	0.00140	0.0198	0.0172	−0.0550	−0.0528
1.00	0.00127	0.0176	0.0176	−0.0513	−0.0513

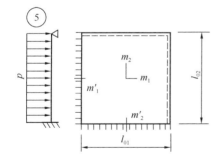

挠度＝表中系数 $\times \dfrac{pl_{01}^4}{B_c}$；

$\nu=0$，弯矩＝表中系数 $\times pl_{01}^2$；

这里 $l_{01} < l_{02}$。

邻边简支、邻边固定   表 A-5

l_{01}/l_{02}	f	f_{max}	m_1	m_{1max}	m_2	m_{2max}	m_1'	m_2'
0.50	0.00468	0.00471	0.0559	0.0562	0.00798	0.0135	−0.1179	−0.0786
0.55	0.00445	0.00454	0.0529	0.0530	0.0104	0.0153	−0.1140	−0.0785
0.60	0.00419	0.00429	0.0496	0.0498	0.0129	0.0169	−0.1095	−0.0782

续表

l_{01}/l_{02}	f	f_{max}	m_1	m_{1max}	m_2	m_{2max}	m_1'	m_2'
0.65	0.00391	0.00399	0.0461	0.0465	0.0151	0.0183	−0.1045	−0.0777
0.70	0.00363	0.00368	0.0426	0.0432	0.0172	0.0195	−0.0992	−0.0770
0.75	0.00335	0.00340	0.0390	0.0396	0.0189	0.0206	−0.0938	−0.0760
0.80	0.00308	0.00313	0.0356	0.0361	0.0204	0.0218	−0.0883	−0.0748
0.85	0.00281	0.00286	0.0322	0.0328	0.0215	0.0229	−0.0829	−0.0733
0.90	0.00256	0.00261	0.0291	0.0297	0.0224	0.0238	−0.0776	−0.0716
0.95	0.00232	0.00237	0.0261	0.0267	0.0230	0.0244	−0.0726	−0.0698
1.00	0.00210	0.00215	0.0234	0.0240	0.0234	0.0249	−0.0677	−0.0677

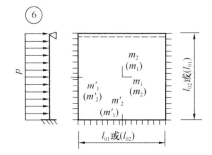

挠度＝表中系数×pl_{01}^4［或×$p(l_{01})^4$］；

$\nu=0$，弯矩＝表中系数×pl_{01}^2［或×$p(l_{01})^2$］；

这里 $l_{01} < l_{02}$，$(l_{01}) < (l_{02})$。

三边固定、一边简支　　　　　　表 A-6

l_{01}/l_{02}	$(l_{01})/(l_{02})$	f	f_{max}	m_1	m_{1max}	m_2	m_{2max}	m_1'	m_2'
0.50		0.00257	0.00258	0.0408	0.0409	0.0028	0.0089	−0.0836	−0.0569
0.55		0.00252	0.00255	0.0398	0.0399	0.0042	0.0093	−0.0827	−0.0570
0.60		0.00245	0.00249	0.0384	0.0386	0.0059	0.0105	−0.0814	−0.0571
0.65		0.00237	0.00240	0.0368	0.0371	0.0076	0.0116	−0.0796	−0.0572
0.70		0.00227	0.00229	0.0350	0.0354	0.0093	0.0127	−0.0774	−0.0572
0.75		0.00216	0.00219	0.0331	0.0335	0.0109	0.0137	−0.0750	−0.0572
0.80		0.00205	0.00208	0.0310	0.0314	0.0124	0.0147	−0.0722	−0.0570
0.85		0.00193	0.00196	0.0289	0.0293	0.0138	0.0155	−0.0693	−0.0567
0.90		0.00181	0.00184	0.0268	0.0273	0.0159	0.0163	−0.0663	−0.0563
0.95		0.00169	0.00172	0.0247	0.0252	0.0160	0.0172	−0.0631	−0.0558
1.00	1.00	0.00157	0.00160	0.0227	0.0231	0.0168	0.0180	−0.0600	−0.0550
	0.95	0.00178	0.00182	0.0229	0.0234	0.0194	0.0207	−0.0629	−0.0599

续表

l_{01}/l_{02}	$(l_{01})/(l_{02})$	f	f_{max}	m_1	m_{1max}	m_2	m_{2max}	m_1'	m_2'
	0.90	0.00201	0.00206	0.0228	0.0234	0.0223	0.0238	−0.0656	−0.0653
	0.85	0.00227	0.00233	0.0225	0.0231	0.0255	0.0273	−0.0683	−0.0711
	0.80	0.00256	0.00262	0.0219	0.0224	0.0290	0.0311	−0.0707	−0.0772
	0.75	0.00286	0.00294	0.0208	0.0214	0.0329	0.0354	−0.0729	−0.0837
	0.70	0.00319	0.00327	0.0194	0.0200	0.0370	0.0400	−0.0748	−0.0903
	0.65	0.00352	0.00365	0.0175	0.0182	0.0412	0.0446	−0.0762	−0.0970
	0.60	0.00386	0.00403	0.0153	0.0160	0.0454	0.0493	−0.0773	−0.1033
	0.55	0.00419	0.00437	0.0127	0.0133	0.0496	0.0541	−0.0780	−0.1093
	0.50	0.00449	0.00463	0.0099	0.0103	0.0534	0.0588	−0.0784	−0.1146

附录 B 电动桥式起重机基本参数

电动桥式起重机基本参数（按 ZQ1-62 标准） 表 B-1

起重量 Q (t)	跨服 L_k (m)	尺寸				吊车工作级别 A4~A5			
		宽度 B (mm)	轮距 K (mm)	轨顶以上高度 H (mm)	轨道中心至端部距离 B_l (mm)	最大轮压 P_{max} (kN)	最小轮压 P_{max} (t)	起重机总质量 m_1 (t)	起重机总质量 m_2 (t)
5	16.5	4650	3500	1870	230	76	3.1	16.4	2.0 (单闸) 2.1 (双闸)
	19.5	5150	4000			85	3.5	19.0	
	22.5					90	4.2	21.4	
	25.5	6400	5250			10	4.7	24.4	
	28.5					105	6.3	28.5	
10	16.5	5550	4400	2140	230	115	2.5	18.0	3.8 (单闸) 3.9 (双闸)
	19.5	5550	4400			120	3.2	20.3	
	22.5					125	4.7	22.4	
	25.5	6400	5250	2190		130	5.0	27.0	
	28.5					135	6.6	31.5	
15	16.5	5650		2050	230	165	3.4	24.1	5.3 (单闸) 5.5 (双闸)
	19.5	5550	4400			170	4.8	25.5	
	22.5			2140	260	185	5.8	31.6	
	25.5	6400	5250			195	6.0	38.0	
	28.5					210	6.8	40.0	
15/3	16.5	5650		2050	230	165	3.5	25.0	6.9 (单闸) 7.4 (双闸)
	19.5	5550	4400			175	4.3	28.5	
	22.5			2150	260	185	5.0	32.1	
	25.5	6400	5250			195	6.0	36.0	
	28.5					210	6.8	40.5	

附录 C 单阶柱在各种荷载作用下的柱顶反力系数

单阶柱在各种荷载作用下的柱顶反力系数表

表 C-1

序号	荷载情况	R_b	$c_0 \cdot c_1 \sim c_8$	附注
0			$\delta = H^3/c_0 EI_l$ $c_0 = 3/\left[1+\lambda^3\left(\dfrac{1}{n}-1\right)\right]$	
1		$\dfrac{M}{H}c_1$	$c_1 = \dfrac{3}{2} \cdot \dfrac{1-\lambda^2\left(1-\dfrac{1}{n}\right)}{Z}$	$n = I_u/I_l$, $\lambda = H_u/H$, $1-\lambda = H_l/H$, $Z = 1+\lambda^3\left(\dfrac{1}{n}-1\right)$
2		$\dfrac{M}{H}c_2$	$c_2 = \dfrac{3}{2} \cdot \dfrac{1-\lambda^2}{Z}$	
3		$\dfrac{M}{H}c_3$	$c_3 = \dfrac{3}{2} \cdot \dfrac{1+\lambda^2\left(\dfrac{1-a^2}{n}-1\right)}{Z}$	

序号	荷载情况	R_b	$c_0 \cdot c_1 \sim c_8$	附注
4		$\dfrac{M}{H} c_4$	$c_4 = \dfrac{3}{2} \cdot \dfrac{2b(1-\lambda) - b^2(1-\lambda)^2}{Z}$	
5		Tc_5	$c_5 = \dfrac{2 - 3a\lambda + \lambda^3\left[\dfrac{(2+a)(1-a)^2}{n} - (2-3a)\right]}{2Z}$	
6		qHc_6	$c_6 = \dfrac{3\left[1 + \lambda^4\left(\dfrac{1}{n} - 1\right)\right]}{8Z}$	$n = I_u / I_l,$ $\lambda = H_u/H,$ $1 - \lambda = H_l/H,$ $Z = 1 + \lambda^3\left(\dfrac{1}{n} - 1\right)$
7		qHc_7	$c_7 = \dfrac{8\lambda - 6\lambda^2 + \lambda^4\left(\dfrac{3}{n} - 2\right)}{8Z}$	
8		qHc_8	$c_8 = \dfrac{(1-\lambda)^2(3+\lambda)}{8Z}$	